职业院校工学结合特色教材

CAD/CAM数控车削加工技术

主编 杨 雨 黄 亮

参编 李 林

西南交通大学出版社

·成 都·

内容简介

本书在编写时注意贯彻“工作过程系统化”的职业教育教学思想，从岗位需求和学生实际情况出发，紧密结合中等职业学校的专业能力和职业资格证书中的相关考核要求，将“CAD/CAM 数控车削加工技术”课程理论与技能知识点进行归纳梳理，精选内容，降低难度。书中选择了数控车削加工的六种典型零件作为学习项目，具体包括：① 简单轴类零件加工；② 圆弧面加工；③ 槽类零件加工；④ 螺纹零件加工；⑤ 内孔零件加工；⑥ 配合件加工。本书编写充分考虑了学生的学习兴趣和接受能力，采用以项目为载体、以工作任务作引领、以行动导向“工作过程系统化”的教学模式进行教学，让教师在“做”中“教”、学生在“做”中“学”，使学生在实践过程中学习 CAD/CAM 自动编程方法，并在完成工作项目的过程中养成良好的工作习惯，培养职业素养。

图书在版编目（CIP）数据

CAD/CAM 数控车削加工技术 / 杨雨，黄亮主编. —成都：西南交通大学出版社，2021.1
ISBN 978-7-5643-7815-8

Ⅰ. ①C… Ⅱ. ①杨… ②黄… Ⅲ. ①数控机床－车削－计算机辅助设计－应用软件 Ⅳ. ①TG519.1-39

中国版本图书馆 CIP 数据核字（2020）第 211651 号

CAD/CAM Shukong Chexue Jiagong Jishu
CAD/CAM 数控车削加工技术

主编 杨雨 黄亮

责任编辑 张华敏
特邀编辑 杨开春 陈正余 唐建明
封面设计 原谋书装

印张：10.5 字数：262 千
成品尺寸：185 mm×260 mm
版次：2021 年 1 月第 1 版
印次：2021 年 1 月第 1 次
印刷：四川煤田地质制图印刷厂
书号：ISBN 978-7-5643-7815-8

出版发行：西南交通大学出版社
网址：http://www.xnjdcbs.com
地址：四川省成都市金牛区二环路北一段 111 号
西南交通大学创新大厦 21 楼
邮政编码：610031
发行部电话：028-87600564 028-87600533
定价：38.80 元

课件咨询电话：028-81435775

前　言

本书是依据教育部《中等职业学校数控技术应用专业教学标准》，并参照相关行业的职业技能鉴定规范及技术工人等级考核标准，结合中等职业学校特点进行编写的。

随着社会的进步和科技的发展，现代工业领域越来越多地采用智能化、自动化的数控机床甚至加工中心来对机械零件进行自动加工，CAD/CAM 软件的运用越来越频繁。本书以 CAXA 数控车软件为例，介绍了 CAD/CAM 软件的造型和自动编程方法，书中将数控加工中常见的零件进行分类，并针对每种类型的零件以任务的形式举例进行分析和讲解，步骤详细，配合图例，结合软件，通俗易懂，很容易被初学者掌握，适合中等职业学校学生和其他初次接触此类软件的初学者学习使用。

本书根据职业教育发展的特点，以学主为主体，以职业能力培养为核心，以工作过程为导向，根据职业岗位技能需求，结合最新的职业教育课程改革经验，以生产实践中典型的工作任务为项目，突出能力的培养，力求使理论与工程实践相结合。

本书由内江铁路机械学校杨雨、黄亮主编，李林参编。具体分工为：杨雨编写第 2、3、5、6、7、8 章，李林编写第 9、10 章，黄亮编写第 1、4 章。全书由黄亮统稿。

本书可作为数控技术应用专业中职学生的教材，也可作为数控车工及相关工种的培训用书，还可供相关工程技术人员参考。

由于编者水平有限，书中错漏之处在所难免，恳请广大读者，特别是从事数控车床编程和加工人员提出宝贵的意见和建议，以使本书能够不断完善和适应本专业的发展需要。

编　者

2020 年 10 月

目　录

第一章　CAD/CAM 常用软件简介

CAD 的英文全称为 Computer Aided Design，中文意思是计算机辅助设计，是指利用计算机及其图形设备帮助设计人员进行设计工作。CAM 的英文全称为 Computer Aided Manufacturing，中文意思是计算机辅助制造，是指将计算机应用于制造生产过程的活动或系统。计算机辅助制造的核心是计算机数值控制（简称数控），CAM 系统一般具有数据转换和过程自动化两方面的功能。CAM 所涉及的范围，包括计算机数控、计算机辅助过程设计。目前，就国内市场上应用比较成熟的 CAD/CAM 支撑软件有十几种，如：UG、Pro/E、MasterCAM、SurfCAM、SPACE-E、CAMWORKS、WorkNC、中望 CAD 系列、CAXA 系列、Powermill、Gibbs CAM、FEATURECAM、topsolid、solidcam 等，既有国外的也有国内自主开发的，这些软件在功能、价格、使用范围等方面有很大的差异，本章从其中几种使用比较普遍的 CAD/CAM 软件为例进行介绍。

一、CAXA 软件简介

(一) CAXA 概述

CAXA 数控车是在全新的数控加工平台上开发的数控车床加工编程和二维图形设计软件。CAXA 数控车具有 CAD 软件的强大绘图功能和完善的外部数据接口，可以绘制任意复杂的图形，可通过 DXF、IGES 等数据接口与其他系统交换数据。CAXA 软件提供了功能强大、使用简洁的轨迹生成手段，可以按照加工要求生成各种复杂图形的加工轨迹。通用的后置处理模块使 CAXA 数控车可以满足各种机床的代码格式，可输出 G 代码，并对生成的代码进行校验及加工仿真。

(二) CAXA 的技术特点

CAXA 数控车基于二维平台 CAXA 电子图板打造，不仅在学校使用较多，在企业中也有广泛应用。它具有刀库与车削刀具管理与维护、轨迹生成和仿真、通用后置处理及管理树功能，还提供了功能强大、使用简洁的轨迹生成手段，可以按照加工要求生成各种复杂图形的加工轨迹。

管理树以树形图的形式，直观地展示了当前文档的刀具、轨迹、代码等信息，并提供了很多树上的操作功能，便于用户执行各项与数控车相关的命令，如图 1-1 所示。管理树框体默认位于绘图区的左侧，用户可以自由拖动它到喜欢的位置，也可以将其隐藏起来。管理树有一个“加工”总节点，总节点下有“刀库”“轨迹”“代码”三个子节点，分别用于显示和管理刀具信息、轨迹信息和 G 代码信息。

使用简洁的轨迹生成手段，可以按照加工要求生成各种复杂图形的加工轨迹，包括常用的车削粗加工（见图 1-2）、车削精加工、车削槽加工及车螺纹加工。

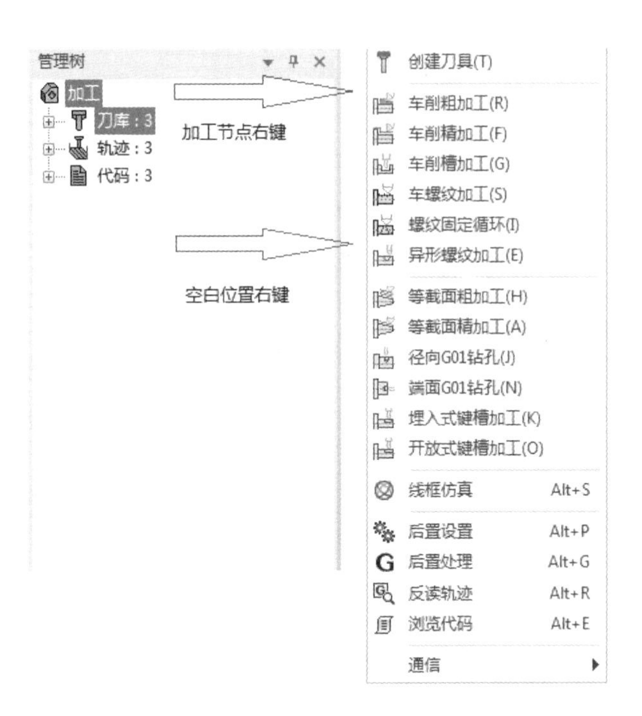

图 1-1　CAXA 软件的管理树

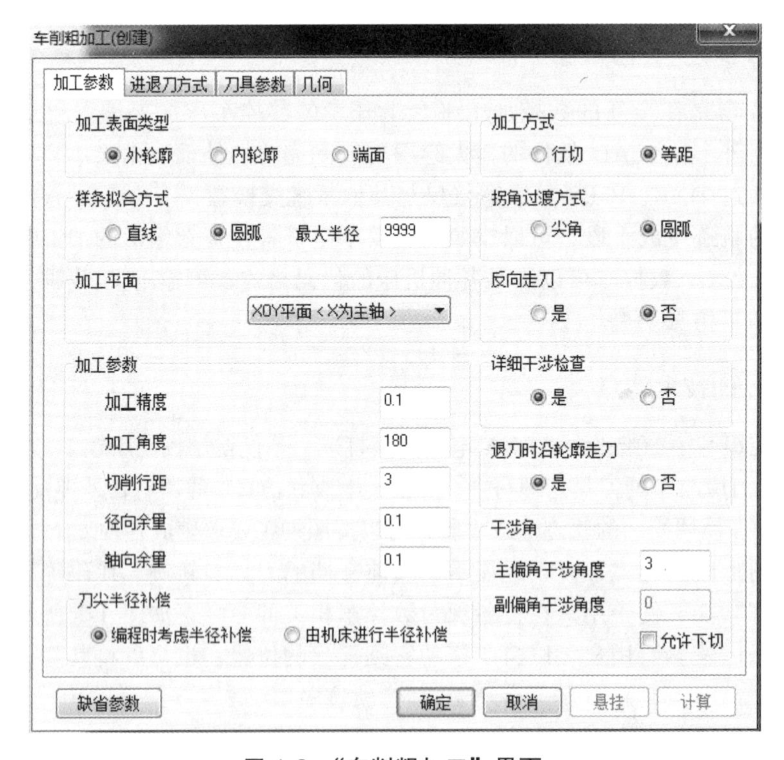

图 1-2　“车削粗加工”界面

二、Mastercam 软件简介

(一) Mastercam 概述

Mastercam 是美国 CNC Software Inc.公司开发的基于 PC 平台的 CAD/CAM 软件。它集二维绘图、三维实体造型、曲面设计、体素拼合、数控编程、刀具路径模拟及真实感模拟等多种功能于一身；它具有方便直观的几何造型。Mastercam 提供了设计零件外形所需的理想环境，其强大稳定的造型功能可设计出复杂的曲线、曲面零件。Mastercam 9.0 以上版本还支持中文环境，而且价位适中，对广大中小企业来说是理想的选择，它是经济有效的全方位的软件系统，是工业界及学校广泛采用的 CAD/CAM 系统。

1984 年美国 CNC Software Inc.公司推出了第一代 Mastercam 产品，该软件以其强大的加工功能闻名于世。多年来该软件在功能上不断更新与完善，已被工业界及学校广泛采用。Mastercam 后续发行的版本对三轴和多轴功能做了大幅度的提升，包括三轴曲面加工和多轴刀具路径。目前，Mastercam 软件已被广泛应用于通用机械、航空、船舶、军工等行业的设计与 NC 加工。我国于 20 世纪 80 年代末引进了这款著名的 CAD/CAM 软件，为我国制造业的迅速崛起起到了很大的促进作用。

(二) Mastercam 的技术特点

Mastercam 不但具有强大稳定的造型功能，可设计出复杂的曲线、曲面零件，而且具有强大的曲面粗加工及灵活的曲面精加工功能，其可靠的刀具路径效验功能使 Mastercam 可模拟零件加工的整个过程，模拟中不但能显示刀具和夹具，还能检查出刀具和夹具与被加工零件的干涉、碰撞情况，真实地反映加工过程中的实际情况；同时 Mastercam 对系统运行环境要求较低，使用户无论是在造型设计还是在 CNC 铣床、CNC 车床或 CNC 线切割等加工操作中，都能获得最佳效果。

Mastercam 提供了 400 种以上的后置处理文件以适应各种类型的数控系统，比如常用的 FANUC 系统，并根据机床的实际结构，编制专门的后置处理文件，编译 NCI 文件经后置处理后便可生成加工程序。使用 Mastercam 实现 DNC 加工，即利用 RS-232 串行接口，将计算机和数控机床连接起来，利用 Mastercam 的 Communic 功能进行通信，用一台计算机直接控制多台数控机床，其技术是实现 CAD/CAM 的关键技术之一。

用 Mastercam 软件编制复杂零件的加工程序极为方便，而且能对加工过程进行实时仿真，真实反映加工过程中的实际情况。Mastercam 包括 CAD 和 CAM 两个部分，Mastercam 的 CAD 部分可以构建 2D 平面图形、曲线、3D 曲面和 3D 实体。

Mastercam X2 具有全新的 Windows 操作界面，在刀路和传输方面更趋完善和强大，其功能特点如下：

① 在操作方面，采用了“窗口式操作”和“以对象为中心”的操作方式，使操作效率大幅度提高。

② 在设计方面，单体模式可以选择“曲面边界”选项，可动态选取串联起始点，增加了工作坐标系统 WCS，而在实体管理器中，可以将曲面转化成开放的薄片或封闭实体等。

③ 在加工方面，当重新计算刀具路径时，除了更改刀具直径和刀角半径需要重新计算外，其他参数不需要更改。在打开文件时可选择是否载入 NCI 资料，可以大大缩短读取大文件的时间。

④ 系统设有刀具库及材料库，能根据被加工工件材料及刀具规格尺寸自动确定进给率、转速等加工参数。

⑤ 能同时提供适合国际上通用的各种数控系统的后置处理程序文件，以便将刀具路径文件（NCI）转换成相应的 CNC 控制器上所使用的数控加工程序（NC 代码）。

Mastercam 对硬件的要求不高，在一般配置的计算机上就可以运行，且操作灵活，界面友好，易学易用，适用于大多数用户，能迅速地给企业带来经济效益。因此，Mastercam 相对于其他同类软件来说具有非常高的性价比。随着我国加工制造业的崛起，Mastercam 在中国的销量跃升为第一，甚至在全球的 CAM 市场中其所占的份额也雄居榜首，所以，对于机械设计与加工人员来说，学习 Mastercam 是十分必要的。

三、UG 软件简介

(一) UG 概述

UG（Unigraphics NX）是 Siemens PLM Software 公司出品的一个产品工程解决方案，它为用户的产品设计及加工过程提供了数字化造型和验证手段。Unigraphics NX 针对用户的虚拟产品设计和工艺设计需求，提供了经过实践验证的解决方案。UG 同时也是用户指南（User Guide）和普遍语法（Universal Grammar）的缩写，这是一个交互式 CAD/CAM（计算机辅助设计与计算机辅助制造）系统，它功能强大，可以轻松实现各种复杂实体及造型的建构。它在诞生之初主要基于工作站，但随着 PC 硬件的发展和个人用户的迅速增长，在 PC 上的应用取得了迅猛的增长，已经成为模具行业三维设计的一个主流应用。

UG 的开发始于 1969 年，它是基于 C 语言开发实现的。UG NX 是一个在二维和三维空间无结构网格上使用自适应多重网格方法开发的一个灵活的数值求解偏微分方程的软件工具。

(二) UG 的技术特点

① 在工业设计方面：NX 为那些培养创造性和产品技术革新的工业设计和风格提供了强有力的解决方案。利用 NX 建模，工业设计师能够迅速地建立和改进复杂的产品形状，并且使用先进的渲染和可视化工具来最大限度地满足设计概念的审美要求。

② 在产品设计方面：NX 拥有世界上最强大、最广泛的产品设计应用模块。NX 具有高性能的机械设计和制图功能，为制造设计提供了高性能和灵活性，以满足客户设计任何复杂产品的需要。NX 优于通用的设计工具，具有专业的管路和线路设计系统、钣金模块、专用塑料件设计模块和其他行业设计所需的专业应用程序。

③ 在仿真、确认和优化方面：NX 允许制造商以数字化的方式仿真、确认和优化产品及其开发过程。通过在开发周期中较早地运用数字化仿真性能，制造商可以改善产品质量，同时减少或消除对于物理样机的昂贵耗时的设计、构建，以及对变更周期的依赖。

④ 在 CNC 加工方面：UG NX 加工基础模块提供了联接 UG 所有加工模块的基础框架，它为 UG NX 所有加工模块提供一个相同的、界面友好的图形化窗口环境，用户可以在图形方式下观测刀具沿轨迹运动的情况并可对其进行图形化修改，例如对刀具轨迹进行延伸、缩短或修改等。该模块同时提供通用的点位加工编程功能，可用于钻孔、攻丝和镗孔等加工编程；该模块交互界面可按用户需求进行灵活的用户化修改和剪裁，并可定义标准化刀具库、

加工工艺参数样板库，使初加工、半精加工、精加工等操作常用参数标准化，以减少使用培训时间并优化加工工艺。UG 软件的所有模块都可在实体模型上直接生成加工程序，并保持与实体模型全相关。UG NX 的加工后置处理模块使用户可以方便地建立自己的加工后置处理程序，该模块适用于世界上主流 CNC 机床和加工中心，该模块在多年的应用实践中已被证明适用于 2 ~ 5 轴或更多轴的铣削加工、2 ~ 4 轴的车削加工和电火花线切割。

⑤ 在模具设计方面：UG 是当今较为流行的一种模具设计软件，主要是因为其功能强大。模具设计的流程很多，其中分模是关键的一步。分模有两种：一种是自动的，另一种是手动的（当然也不是纯粹的手动，也要用到自动分模工具条的命令，即模具导向）。

四、Pro/E 软件简介

（一）Pro/E 概述

Pro/E 是美国参数技术公司（Parametric Technology Corporation，简称 PTC）的重要产品 Pro/Engineer 软件的简称，它是一款集 CAD/CAM/CAE 功能为一体的综合性三维软件，在目前的三维造型软件领域中占有重要地位，并作为当今世界机械 CAD/CAE/CAM 领域的新标准而得到业界的认可和推广，是现今最成功的 CAD/CAM 软件之一。

1985 年，PTC 公司成立于美国波士顿，并开始进行参数化建模软件的研究。1988 年，V1.0 的 Pro/Engineer 诞生了。经过 10 余年的发展，Pro/Engineer 已经成为三维建模软件的领头羊。目前已经发布了 Pro/Engineer proewildfire 5.0。PTC 的系列软件包括应用于工业设计和机械设计等方面的多项功能，还包括对大型装配体的管理、功能仿真、制造、产品数据管理等功能。Pro/Engineer 提供了目前所能达到的最全面、集成最紧密的产品开发环境。

（二）Pro/E 的技术特点

① 全相关性：Pro/Engineer 的所有模块都是全相关的，这就意味着在产品开发过程中，某一处进行的修改能够扩展到整个设计中，同时自动更新所有的工程文档，包括装配体、设计图纸以及制造数据。全相关性保证在开发周期的任何时间点进行修改都没有任何损失，这使得并行工程成为可能，能够使开发后期的一些功能提前发挥其作用。

② 基于特征的参数化造型：Pro/Engineer 使用用户熟悉的特征作为产品几何模型的构造要素。这些特征是一些普通的机械对象，并且可以按预先的设置很容易地进行修改。例如，设计特征有弧、圆角、倒角等，它们对于工程人员来说是很熟悉的，因而易于使用，装配、加工、制造以及其他学科都会使用到这些特征，通过给这些特征设置参数（不但包括几何尺寸，还包括非几何属性），然后修改参数，就很容易地进行多次设计迭代，实现产品开发。为了在较短的时间内开发出更多的产品，必须允许多个学科的工程师同时对同一产品进行开发。数据管理模块的开发研制，正是专门用于管理并行工程中同时进行的各项工作，由于使用了 Pro/Engineer 独特的全相关性功能，因而使之成为可能。

③ 装配管理：Pro/Engineer 的基本结构能够使用户利用一些直观的命令，例如“啮合”“插入”“对齐”等，很容易地把零件装配起来，同时保持设计意图。高级的功能支持大型复杂装配体的构造和管理，这些装配体中的零件数量不受限制。

④ 易于使用：菜单以直观的方式联级出现，提供了逻辑选项和预先选取的最普通选项，

同时还提供了简短的菜单描述和完整的在线帮助，这种形式使用户容易学习和使用。

⑤ 参数化设计和特征功能：Pro/Engineer 是采用参数化设计的、基于特征的实体模型化系统，工程设计人员采用具有智能特性的基于特征的功能去生成模型，如腔、壳、倒角及圆角，用户可以随意勾画草图，轻易改变模型。这一功能特性给工程设计者提供了在设计上从未有过的简易和灵活。

⑥ 单一数据库：Pro/Engineer 是建立在统一基层上的数据库上，不像一些传统的 CAD/CAM 系统建立在多个数据库上。所谓单一数据库，就是工程中的资料全部来自一个库，使得每一个独立用户都能为一件产品造型而工作，无论他是哪个部门的。换言之，在整个设计过程的任何一处发生改动，都可以前后反应在整个设计过程的相关环节上。例如，一旦工程详图有改变，NC（数控）工具路径也会自动更新；组装工程图如有变动，也会同样反应在整个三维模型上。这种独特的数据结构与工程设计的完整结合，使得设计更优化，成品质量更高，产品能更好地推向市场，价格也更便宜。

思考与练习

一、填空题

1. CAM 系统一般具有____________________和____________________两方面的功能。

2. 常用的 CAD/CAM 软件有______________、_______________、________________、_______________、______________等。

3. Pro/E 系统是建立在____________________数据库上的，所以在整个设计过程的任何一处发生改动，都可以前后反应在整个设计过程的相关环节上。

4. UG 是用户指南（User Guide）和普遍语法（Universal Grammar）的缩写，这是一个_____________________式 CAD/CAM 系统。

5. CAXA 数控车具有 CAD 软件的强大绘图功能和完善的外部数据接口，可以绘制任意复杂的图形，可通过________________、________________等数据接口与其他系统交换数据。

二、简答题

1. CAD/CAM 软件的主要作用是什么？

2. Mastercam 的功能特点有哪些？

第二章 CAXA 数控车概述

第一节 CAXA 数控车软件界面

CAXA 数控车软件的基本应用界面由标题栏、菜单栏、绘图区、工具条和状态栏组成，如图 2-1 所示。各种应用功能均通过菜单和工具条驱动，工具条中的每个图标都对应一个菜单命令。单击图标或单击菜单命令会得到相同的结果。状态条指导用户进行操作并提示当前状态和所处位置。绘图区显示各种绘图操作的结果，同时，绘图区和参数栏为用户实现各种功能提供数据的交互使用。

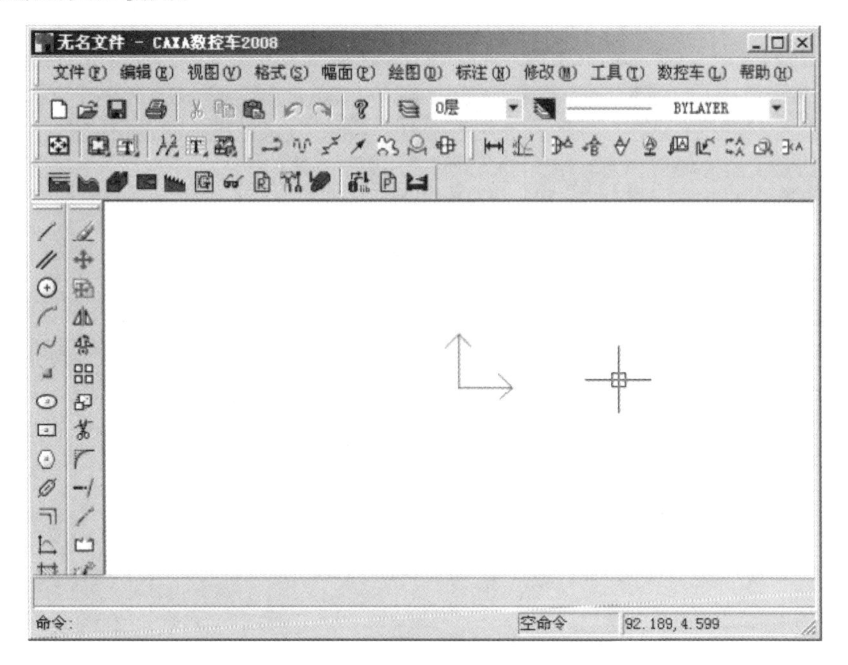

图 2-1 CAXA 数控车的主界面

一、标题栏

标题栏位于工作界面的最上方，用来显示 CAXA 制造工程师的程序图标以及当前正在运行文件的名字等信息。如果是新建文件并且未经保存，则文件名显示为“无名文件”，如果文件经过保存或打开已有文件，则以保存的文件名显示文件。

二、主菜单

主菜单由“文件”“编辑”“视图”“格式”“幅面”“绘图”“标注”“修改”“工具”“数控

车”“帮助”等菜单项组成，这些菜单几乎包括了 CAXA 数控车的全部功能和命令。

三、绘图区

绘图区位于屏幕的中心，是用户进行绘图设计的工作区域。它占据了屏幕的大部分面积，用户的所有工作结果都反映在这个窗口中。

四、工具条

工具条是 CAXA 数控车提供的各种调用命令的方式，它包含多个由图标表示的命令按钮，单击这些图标按钮，可以调用相应的命令。图 2-2 所示为 CAXA 数控车提供的“标准工具”“绘图工具”“编辑工具”“设置工具”“图幅操作”“主菜单”“常用工具”“标注工具”“属性工具”“数控车工具”和“视图管理”工具条。

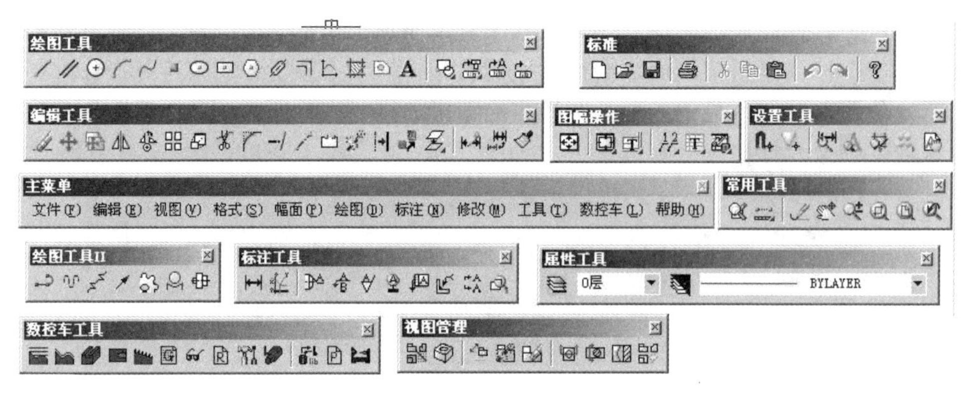

图 2-2 CAXA 数控车的工具条

此外，考虑到不同的用户有不同的工作习惯、不同的工作重点和不同的熟练程度，CAXA 数控车还为用户提供了自定义工具条的功能。用户可以根据自己的喜好，定制不同的菜单、热键和工具条，也可以为特殊的按钮更新自己喜欢的图标。定制自己的菜单、热键和工具条时，可以通过单击主菜单中的【设置】→【自定义】命令，CAXA 数控车会弹出如图 2-3 所示的“自定义”对话框。

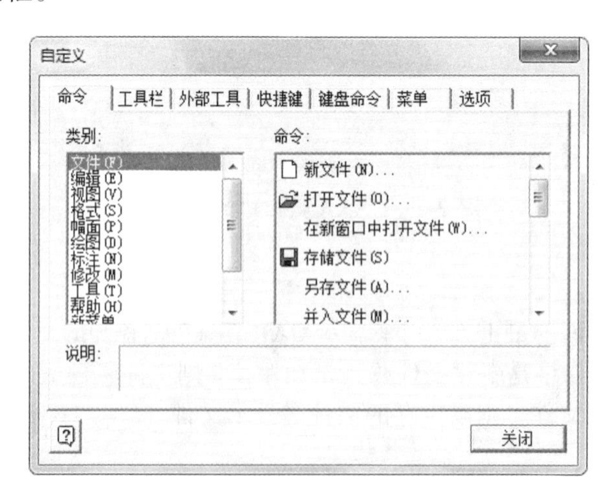

图 2-3 “自定义”对话框

单击“自定义”对话框中的“工具栏”设置项，则弹出自定义“工具”页面。在“工具”页面中单击“新建”按钮，弹出“工具名称”对话框。在“工具名称”输入框内输入“我的工具”，然后单击“OK”按钮，就会增加一个新的名称为“我的工具”的工具栏。用户可以根据自己的意愿在此界面进行自定义操作。

五、状态栏

状态栏位于绘图窗口的底部，用来反映当前的绘图状态。状态栏的左端是命令提示栏，提示用户当前的动作；状态栏的中部为操作指导栏和工具状态栏，用来指出用户的不当操作和当前的工具状态；状态栏的右端是当前光标的坐标位置。

六、立即菜单与快捷菜单

CAXA 数控车在执行某些命令时，会在特征树下方弹出一个选项窗口，称为立即菜单。立即菜单描述了该项命令的各种情况和使用条件。用户根据当前的作图要求，正确地选择某一选项，即可得到准确的响应。用户在操作过程中，在界面的不同位置单击鼠标右键，即可弹出不同的快捷菜单。利用快捷菜单中的命令，用户可以快速、高效地完成绘图操作。

七、工具菜单

工具菜单是将操作过程中频繁使用的命令选项分类组合在一起而形成的菜单。当操作中需要某一特征量时，只要按下空格键，即在屏幕上弹出工具菜单。工具菜单包括“点工具”菜单和“选择集工具”菜单两种。

“点工具”菜单用来选择具有几何特征的点的工具，如图 2-4 所示。

“选择集工具”菜单用来拾取所需元素的工具，如图 2-5 所示。

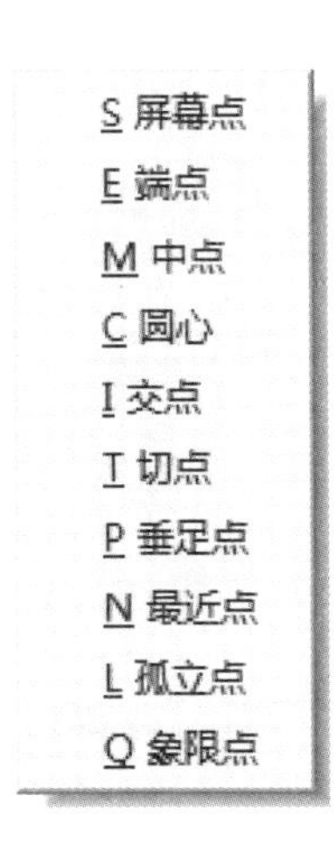

图 2-4 “点工具”菜单

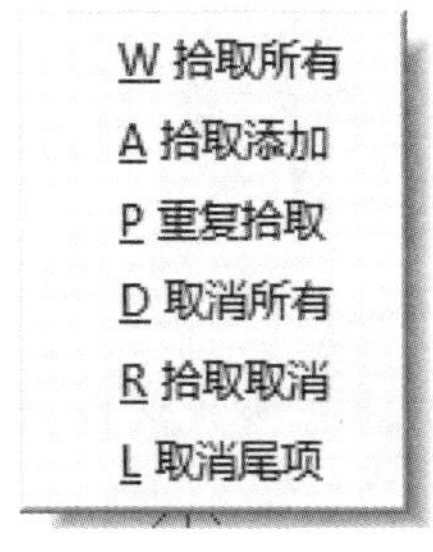

图 2-5 “选择集工具”菜单

第二节　文件管理

一、建立新文件

1. 功能

创建一个新的 CAXA 数控车文件。

2. 操作

单击主菜单中的【文件】→【新建】命令，或单击标准工具栏中的“新建”图标，弹出“新建”对话框，如图 2-6 所示。

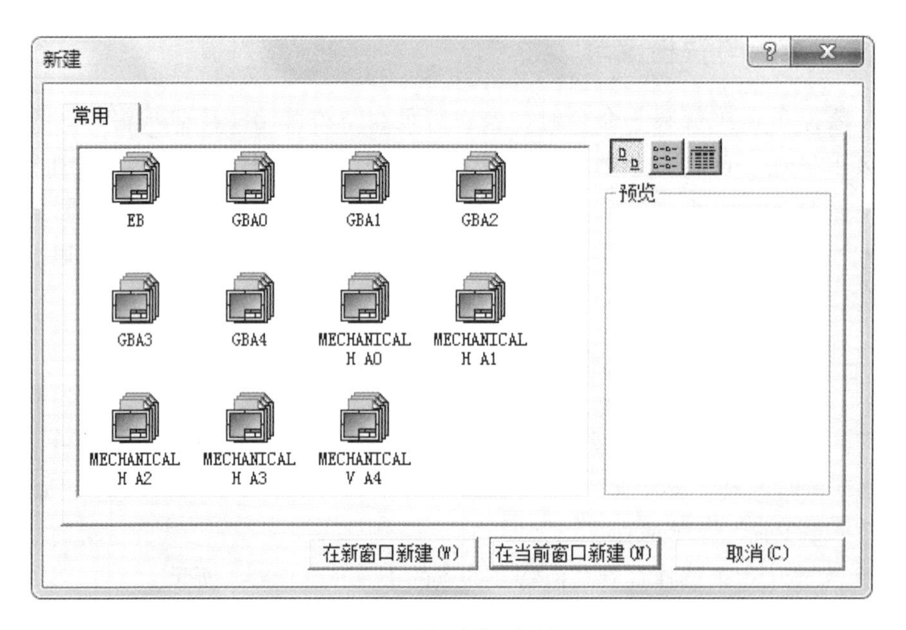

图 2-6　“新建”对话框

3. 说明

建立个新文件后，用户就可以进行图形绘制和轨迹生成等各项功能的操作。当前的所有操作结果都被记录在内存中，只有在进行存盘操作以后，前面的工作结果才会被永久地保存下来。

二、打开文件

1. 功能

打开一个已有的数据文件。

2. 操作

① 单击主菜单中的【文件】→【打开】命令，或单击标准工具栏中的“打开”图标，系统弹出“打开文件”对话框，如图 2-7 所示。

图 2-7　“打开文件”对话框

② 选择相应的文件目录、文件类型和文件名，单击“打开文件”按钮，打开文件。

三、保存文件

1. 功能

将当前绘制的图形以 *.mxe 文件的形式存储到磁盘上。

2. 操作

① 单击主菜单中的【文件】→【保存】命令，或单击标准工具栏中的“保存”图标。

② 如果当前文件名不存在，则系统弹出“存储文件”对话框，选择相应的文件目录、文件类型和文件名后，单击“保存”按钮即可；如果当前文件名存在，则系统直接按当前文件名存盘。

3. 说明

在绘制图形时应注意及时存盘，避免因意外断电或机器故障造成图形丢失。

四、另存为

1. 功能

将当前绘制的图形另取一个文件名存储到磁盘上。

2. 操作

① 单击主菜单中的【文件】→【另存为】命令，系统弹出“存储文件”对话框。

② 选择相应的文件目录、文件类型和文件名后，单击“保存”按钮。

第三节　常用键的含义

一、鼠标键

1. 鼠标左键

用鼠标左键可以激活菜单、确定位置点或拾取元素等。例如，运行画直线功能，操作步骤如下：

① 先把光标移动到“直线”图标上，单击鼠标左键，激活画直线功能，这时在状态栏中出现下一步提示“输入起点：”。

② 把光标移动到绘图区，单击鼠标左键，输入一个位置点，再根据提示输入第二个位置点，即生成一条直线。

2. 鼠标右键

用鼠标右键可以确认拾取、结束操作或终止命令等。例如，在删除几何元素时，当拾取要删除的元素后，单击鼠标右键，则被拾取的元素被删除。又如，在生成样条曲线的功能中，当顺序输入一系列点后，单击鼠标右键，即结束输入点的操作，生成该样条曲线。

二、回车键和数字键

在 CAXA 数控车中，当系统要求输入点时，回车键 Enter 可以激活一个坐标输入条，在输入条中用数字键可以输入坐标值。如果坐标值以@开始，表示一个相对于前一个输入点的相对坐标。在某些情况下也可以输入字符串，如 10*sin45°等。

三、功能键

CAXA 数控车为用户提供热键操作。对于熟悉 CAXA 数控车的用户，热键将极大地提高工作效率。

F1 键　请求系统帮助。

F2 键　草图器，用于绘制草图状态与非绘制草图状态间的切换。

F3 键、Home 键　显示全部图形。

F4 键　刷新屏幕显示图形。

F5 键　将当前平面切换至 XOY 面，同时将显示平面置为 XOY 面，将图形投影到 XOY 面内进行显示。

F6 键　将当前平面切换至 YOZ 面，同时将显示平面置为 YOZ 面，将图形投影到 YOZ 面内进行显示。

F7 键　将当前平面切换至 XOZ 面，同时将显示平面置为 XOZ 面，将图形投影到 XOZ 面内进行显示。

F8 键　按轴测图方式显示图形。

F9 键 切换当前作图平面（XY、XZ、YZ），重复按 F9 键，可以在三个平面之间切换，但不改变显示平面。

方向键 显示平移。

Shift 键+方向键 显示旋转。

PageUp 键 显示放大。

Page Down 键 显示缩小。

Esc 键 可终止执行大多数指令。

第四节 参数设置

一、当前颜色

1. 功能

设置系统当前颜色。在此之后生成的曲线以当前颜色显示。

2. 操作

有两种操作方法。

① 单击主菜单中的【设置】→【当前颜色】命令，或单击“当前颜色”图标，系统弹出“颜色”对话框，如图 2-8 所示，选择一种基本颜色或扩展颜色中的任意颜色，单击“确定”按钮。

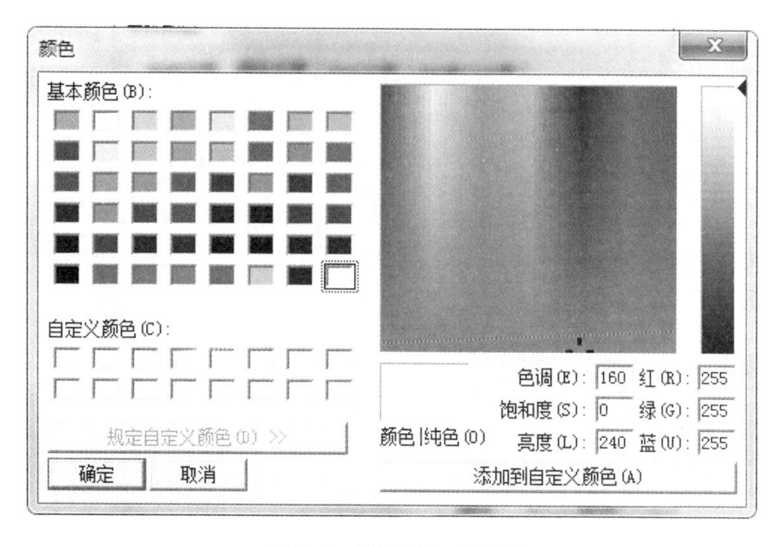

图 2-8 “颜色”对话框

② 单击主菜单中的【设置】→【当前颜色】命令，或单击“当前颜色”图标，系统弹出“颜色”对话框。选择一种基本颜色或扩展颜色中的任意颜色，则“颜色/纯色”按钮上方图框中的颜色也相应变化。

二、层设置

1. 功能

修改或查询图层信息。

2. 操作

① 单击主菜单中的【设置】→【层控制】命令，系统弹出“层控制”对话框，如图 2-9 所示。

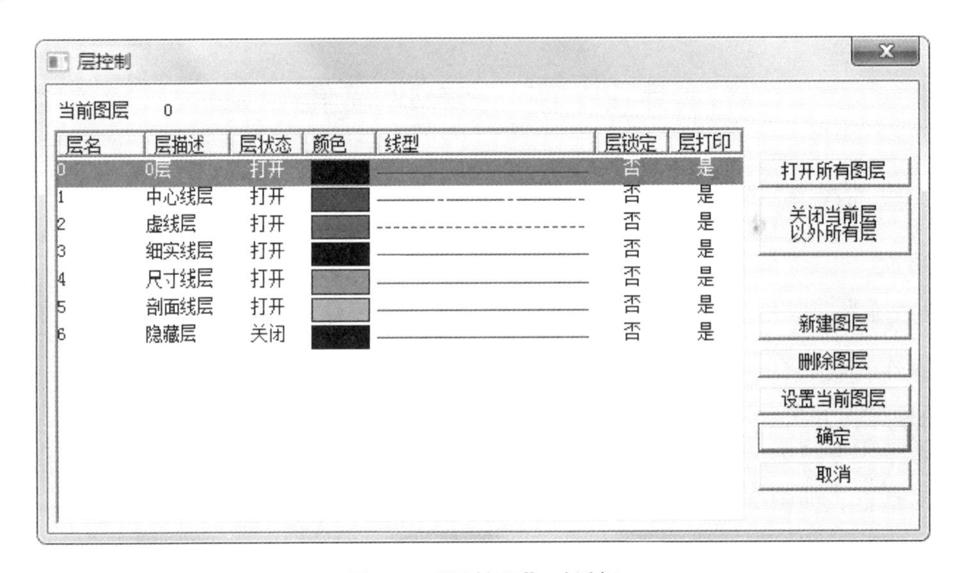

图 2-9　“层控制”对话框

② 选定某个图层，双击相应选项，即可对其进行修改。

③ 单击对话框右侧相应按钮，即可进行相应操作。

3. 说明

图层是将设计中的图形对象分类进行组织管理的重要方法，将图形对象分类放置在不同的图层上，并设置不同的图层颜色、状态、可见性等特征，可起到方便操作、图面清晰、防止误操作等作用。

三、拾取过滤设置

1. 功能

设置拾取过滤类型。拾取过滤是指光标能够拾取到屏幕上的图形类型，拾取到的图形类型被加亮显示。

2. 操作

① 单击主菜单中的【设置】→【拾取设置】命令，系统弹出“拾取设置”对话框，如图 2-10 所示。

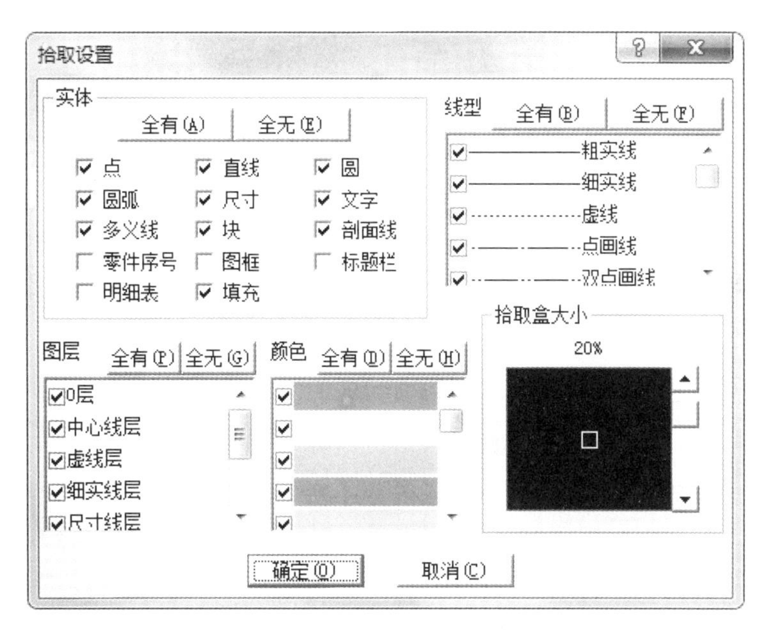

图 2-10 “拾取设置”对话框

② 如果要修改图形元素的类型和颜色，只要直接单击项目对应的复选框即可。

③ 拖动窗口右下方的滚动条可以修改拾取盒的大小。

四、系统设置

单击主菜单中的【设置】→【系统配置】命令，弹出“系统配置”对话框。根据绘图的需要，用户可以对系统的默认设置参数进行修改。其参数设置和接口设置如图 2-11、图 2-12 所示。

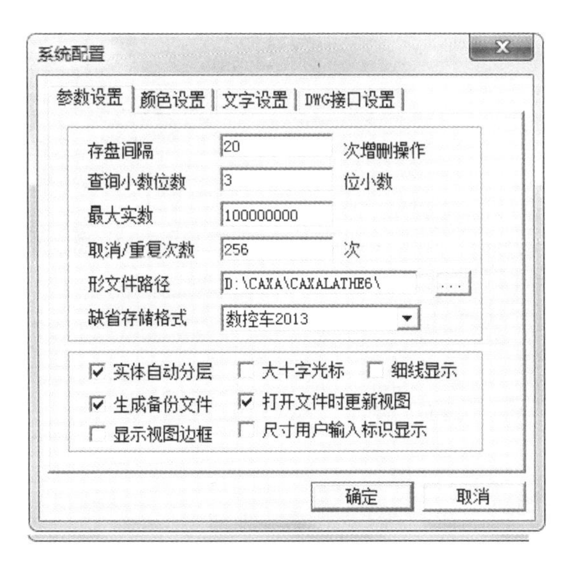

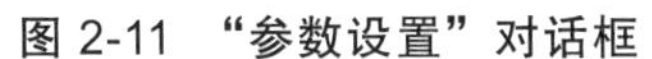

图 2-11 “参数设置”对话框

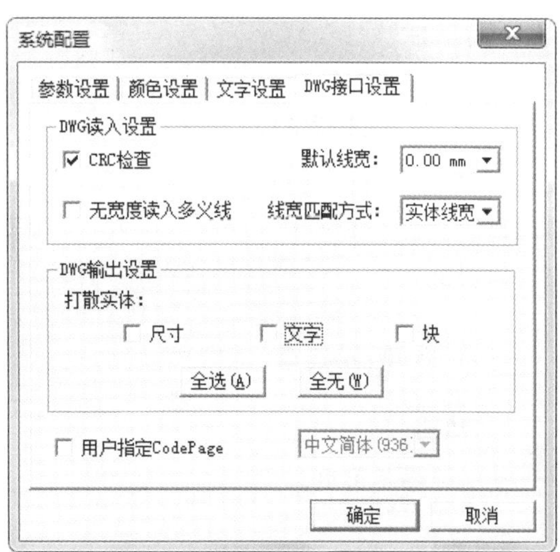

图 2-12 “DWG 接口设置”对话框

第五节　坐标系

为了方便用户操作，CAXA 数控车提供了坐标系功能。系统允许用户同时存在多个坐标系，其中正在使用的坐标系称为“当前坐标系”，其坐标架为红色，其他坐标架为白色。

一、创建坐标系

1. 功能

建立一个新的坐标系。

2. 操作

单击主菜单中的【坐标系】→【创建坐标系】命令，状态栏提示：“输入坐标原点”。在绘图区选取合适位置单击，则该点即为坐标原点。状态栏提示：“输入 X 轴正方向上一点”，在绘图区选取合适位置单击；状态栏提示：“输入一点（确定 XOY 面及 Y 轴正方向）”，再在绘图区选取合适位置单击，即可创建新的坐标系。

二、激活坐标系

1. 功能

将某一坐标系设置为当前坐标系。

2. 操作

单击主菜单中的【坐标系】→【激活坐标系】命令，在绘图区拾取要激活的坐标系，该坐标系被激活，坐标轴显示亮红色。

三、删除坐标系

1. 功能

删除用户创建的坐标系。

2. 操作

单击主菜单中的【坐标系】→【删除坐标系】命令，在绘图区拾取要删除的坐标系，该坐标系即被删除。

四、隐藏坐标系

1. 功能

使坐标系不可见。

2. 操作

① 单击主菜单中的【坐标系】→【隐藏坐标系】命令。

② 拾取需隐藏的坐标系，完成坐标系隐藏。

五、显示所有坐标系

1. 功能

使所有坐标系都可见。

2. 操作

单击主菜单中的【坐标系】→【显示所有坐标系】命令，所有坐标系都可见。

第六节　显示控制

CAXA 数控车软件为用户提供了绘制图形的显示命令，它们只改变图形在屏幕上显示的位置、比例、范围等，不改变原图形的实际尺寸。图形的显示控制在图形绘制和编辑过程中，需要经常使用。

一、显示重画

1. 功能

刷新当前屏幕所有图形。

2. 操作

① 单击显示工具栏中的“重画”图标，或单击 F4 键。
② 系统对显示图形进行一次强制刷新。

3. 说明

经过一段时间的操作后，在绘图区中会留下一些操作痕迹的显示，影响后续操作和图面的美观。使用重画功能，可对屏幕进行刷新，清除屏幕垃圾，使屏幕变得整洁美观。

二、显示全部

1. 功能

将当前绘制的所有图形全部显示在屏幕绘图区内。

2. 操作

单击主菜单中的【显示】→【显示全局】命令，或单击“显示全局”图标，或单击 F3 键。

三、显示放大

1. 功能

将通过拖动边界框选取的视图范围，充满绘图区显示。

2. 操作

① 单击主菜单中的【显示】→【显示放大】命令，或单击“显示放大”图标。

② 将指针放在要放大区域的角上，单击左键，拖动光标，出现一个动态显示的窗口，窗口所确定的区域就是即将被放大的部分。单击左键，选中区域内的图形充满绘图区。

四、显示远近

1. 功能

将绘制的图形进行放大或缩小。

2. 操作

① 单击主菜单中的【显示】→【显示远近】命令，或单击“远近显示”按钮。

② 按住左键向左上方或右上方拖动鼠标，图形将跟着鼠标的拖动而动态地放大或缩小。

五、显示平移

1. 功能

将显示的图形移动到所需的位置。

2. 操作

① 单击主菜单中的【显示】→【显示平移】命令，或单击“平移”图标。

② 按住左键并拖动鼠标，显示图形将跟随鼠标产生移动。

3. 说明

也可以使用小键盘中的四个方向键平移图形。

第七节　查　询

CAXA 数控车为用户提供了查询功能，可以查询坐标、距离、角度、元素属性等内容。

一、查询坐标

1. 功能

查询各种工具点方式下的坐标。

2. 操作

① 单击主菜单中的【查询】→【坐标】命令。

② 在绘图区拾取所需查询的点，系统弹出“查询结果”对话框，对话框内依次列出被查询点的坐标值。

二、查询距离

1. 功能

查询任意两点之间的距离。

2. 操作

① 单击主菜单中的【查询】→【距离】命令。

② 拾取待查询的两点，系统弹出“查询结果”对话框，列出被查询两点的坐标值、两点间的距离，以及第一点相对于第二点在 X 轴、Y 轴上的增量。

三、查询角度

1. 功能

查询两直线的夹角和圆心角。

2. 操作

① 单击主菜单中的【查询】→【角度】命令。

② 拾取两条相交直线或一段圆弧后，系统弹出“查询结果”对话框，列出被查询的两条直线的夹角，或圆弧所对应圆心角的度数及弧度。

四、查询元素属性

1. 功能

查询拾取到的图形元素属性，这些元素包括点、直线、圆、圆弧、公式曲线、椭圆等。

2. 操作

① 单击主菜单中的【查询】→【元素属性】命令。

② 拾取几何元素（可单个拾取，也可框选拾取），拾取完毕后单击右键，系统弹出“查询结果”对话框，将查询到的图形元素按拾取顺序依次列出其属性。

思考与练习

一、填空题

1. 在 CAXA 数控车软件中，按____________键或者____________键可显示全部图形。

2. 状态栏位于绘图窗口的____________，用来反映当前的绘图状态。状态栏左端是____________栏，提示用户当前的动作；状态栏中部为___________栏和___________栏，用来指出用户的不当操作和当前的工具状态；状态栏的右端是当前光标的______________。

3. CAXA 数控车系统允许用户同时存在多个坐标系，其中正在使用的坐标系称为____________________，其坐标架为_________色，其他坐标架为_________色。

4. 在 CAXA 数控车系统要求输入点时，_______________键可以激活一个坐标输入条，在输入条中用数字键可以输入坐标值。如果坐标值以@开始，表示一个相对于前一个输入点的_________________坐标。

二、选择题

1. 工具菜单是将操作过程中频繁使用的命令选项分类组合在一起而形成的菜单。当操作中需要某一特征量时，只要按下（　　）键，即在屏幕上弹出工具菜单。

A. F1　　　B. 空格　　　C. 回车　　　D. HOME

2. CAXA 数控车软件中是将当前绘制的图形以（　　）文件形式存储到磁盘上。

A. *.bmp　　　B. *.exe　　　C. *.jpg　　　D. *.mxe

3. 在 CAXA 数控车软件中，（　　）键切换当前绘图平面（XY、XZ、YZ），重复按它，可以在三个平面之间切换，但不改变显示平面。

A. F7　　　B. F8　　　C. F9　　　D. F10

4. 在 CAXA 数控车软件中，鼠标右键的功能是（　　）。

A. 激活菜单、确定位置点或拾取元素　　　B. 确认拾取、结束操作或终止命令

C. 请求系统帮助　　　D. 终止执行指令

5. 将图形对象分类放置在不同的（　　）上，并设置不同的颜色、状态、可见性等特征，可起到方便操作、图面清晰、防止误操作等作用。

A. 图层　　　B. 线型　　　C. 文件　　　D. 图框

三、简答题

1. “保存”与“另存为”两个命令有什么区别？

2. CAXA 数控车软件的基本应用界面由哪几个部分组成，它们各自有什么作用？

3. 在 CAXA 数控车软件中点击“查询”指令，能够查询到哪些内容？

第三章　CAXA 数控车造型设计

对于计算机辅助设计与制造软件来说，需要先有加工零件的几何模型，然后才能形成用于加工的刀具轨迹。几何模型的来源主要有两种，一是由 CAM 软件附带的 CAD 部分直接建立，二是由外部文件转入。对于转入的外部文件，很可能出现图线散乱或在曲面接合位置产生破损，这些修补工作只能由 CAM 软件来完成。而对于直接在 CAM 软件中建立的模型，则不需要转换文件，只需要结合不同的模型建立方式，产生独特的刀具轨迹。因此，CAM 软件大多附带完整的几何模型建构模块。

CAXA 数控车软件提供了建立几何模型的功能。在 CAXA 数控车中，点、直线、圆弧、样条、组合曲线的曲线绘制或编辑，其功能意义相同，操作方式也一样。由于不同种类曲线组合的目的不一样，不同状态的曲线功能组合也不尽相同。本章主要介绍如何生成和编辑这些几何元素。

第一节　基本图形造型

在 CAXA 数控车中，图线有点、直线、圆弧、样条、组合曲线等类型。在“绘制工具栏”中，大部分图线功能都有相应的工具按钮。如果应用界面上没有“绘制工具栏”，则有两种方法可以使“绘制工具栏”出现：一是在菜单栏或其他工具栏空白处单击右键，得到图 3-1 所示的菜单，选择“绘制工具栏”菜单项，在“绘制工具栏”菜单项前打√，则在界面上出现“绘制工具栏”；二是单击图 3-1 中的“自定义”菜单项，或单击主菜单中的【设置】→【自定义】命令，CAXA 数控车会弹出“自定义”对话框（见图 3-2），选中“工具栏”中的“绘图”，单击“关闭”按钮，也会在界面上出现“绘制工具栏”。

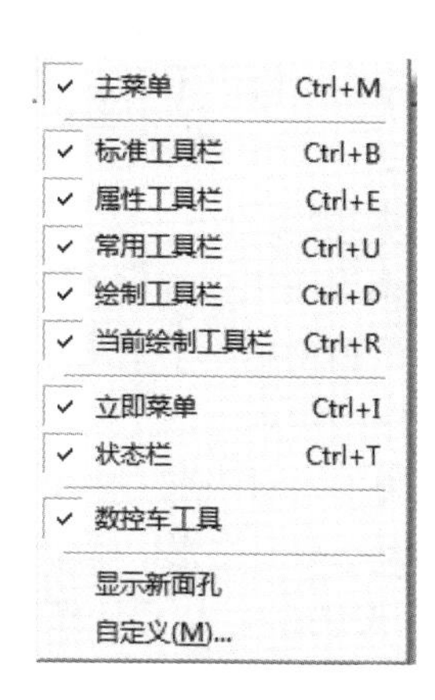

图 3-1　“选择工具栏”菜单

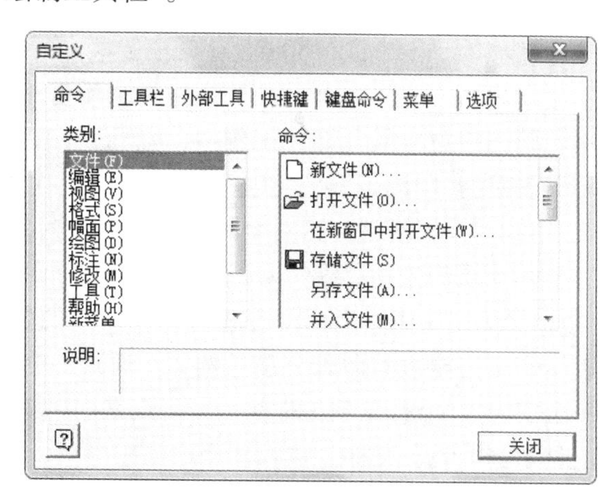

图 3-2　“自定义”对话框

一、点

(一) 点的输入方法

1. 功能

输入已知坐标的点（英文输入法状态下）。

2. 操作

单击曲线工具栏中的“点”图标，即可激活点生成功能。进行以下两种操作方法之一，才能完成点的输入。

① 按 Enter 键，系统在屏幕中心位置弹出数据输入框，通过键盘输入点的坐标值，系统将在输入框内显示输入的内容；再次按 Enter 键，完成点的输入。

② 利用键盘直接输入点的坐标值，系统在屏幕中心位置弹出数据输入框，并显示输入内容，输入完成后，单击 Enter 键，完成点的输入。

注意：利用方法②输入时，虽然省去了一步单击 Enter 键的操作，但当使用省略方式输入数据的第一位时，该方法无效。

3. 说明

点在屏幕上的坐标有绝对坐标和相对坐标两种方式，它们在输入方法上有所不同。前面已经介绍过，在绘图区的中心有一个绝对坐标系，其坐标原点为（0.0，0.0，0.0）。在没有定义用户坐标系之前，由键盘输入的点的坐标都是绝对坐标，是相对于绝对坐标系原点的相对坐标值。

如果用户定义了用户坐标系，且该坐标系被置为当前工作坐标系，则在该坐标系下输入的坐标为用户坐标系的绝对坐标值。

在 CAXA 数控车中，坐标的表达方式有以下三种。

① 用绝对坐标表达：绝对坐标的输入方法很简单，可以直接通过键盘输入 X、Y、Z 坐标，各坐标值之间必须用逗号隔开。

表达方式包括完全表达和不完全表达两种。

完全表达：X、Y、Z 三个坐标全部表示出来，数字间用逗号分开。例如，“10，20，30”代表坐标 X=10、Y=20、Z=30 的点。

不完全表达：将 X、Y、Z 三个坐标采用省略方式，当其中一个坐标值为零时，该坐标可省略，其间用逗号隔开即可。例如，坐标“10，0，0”可以表示为“10”；坐标“10，0，30”可以表示为“10，，30”；坐标“0，0，30”可以表示为“，30”。

② 用相对坐标表达：相对坐标是指相对当前点的坐标，与坐标系原点无关。输入时，为了区分不同性质的坐标，系统规定：输入相对坐标时，必须在第一个数值前面加上符号“@”。“@”的含义为：后面的坐标值是相对于当前点的坐标。采用相对坐标的输入方式，也可使用完全表达和不完全表达两种方法。例如，输入一个“@5，8，10”，表示相对当前点来说，输入了一个 X=5、Y=8、Z=10 的点。当前点是前一次使用的点，在按下“@”之后，系统以黄色方块显示当前点。又如，输入一个“@5，，8”，表示相对于当前点来说，输入了一个 X=5、Y=0、Z=8 的点。

③ 用函数表达式表达：将表达式的计算结果作为点的坐标值输入。例如，输入坐标“90/2，20*2，sin（30）”，等同于计算后的坐标值为“45，40，0.5”。

(二) 点的绘制方式

在绘制图形的过程中，经常需要绘制辅助点，以帮助曲线、特征、加工轨迹等定位。CAXA数控车提供了多种点的绘制方式。

单击主菜单中的【曲线生成】→【点】命令，或单击曲线工具栏中的“点”图标，在立即菜单中选择画点方式，根据状态栏提示绘制点。

1. 单个点

(1) 功能

生成孤立点，即所绘制的点不是已有曲线上的特征值点，而是独立存在的点。

(2) 参数

工具点　利用点工具菜单生成单个点。

曲线投影交点　对于两条不相交的空间曲线，如果它们在当前平面的投影有交点则生成该投影交点。

曲面上投影点　对于一个给定位置的点，通过矢量工具菜单给定一个投影方向，可以在一张曲面上得到一个投影点。

曲线曲面交点　可以求一条曲线和一个曲面的交点。

(3) 操作

① 单击“点”图标，在“立即”菜单中选择“单个点”及其方式。

② 按状态栏提示操作，绘制孤立点。

(4) 说明

不能利用切点和垂足点生成单个点。

2. 批量点

(1) 功能

生成多个等分点、等距点或等角度点。

(2) 操作

① 单击“点”图标，在“立即”菜单中选择“批量点”及“等分点”方式，输入数值。

② 按状态栏提示操作，生成点。

(三) 点工具菜单

在交互过程中，常常会遇到输入精确定位点的情况。系统提供了点工具菜单，可以利用点工具菜单精确定位一个点。在进行点的捕捉操作时，可以通过按空格键，弹出点工具菜单来改变拾取的类型。工具点的类型包括以下几种：

缺省点（F）　系统默认的点捕捉状态。它能自动捕捉直线、圆弧、圆、样条线的端点；直线、圆弧、圆的中点、实体特征的角点。

屏幕点（S）　鼠标在屏幕上点取的当前平面上的点。

中点（M）　可捕捉直线、圆弧、样条曲线的中点。

端点（E）　可捕捉直线、圆弧、样条曲线的端点。

交点（I）　可捕捉任意两曲线的交点。

圆心点（C）　可捕捉圆、圆弧的圆心点。

垂足点（P）　可捕捉曲线的垂足点。

最近点（N）　可捕捉到光标覆盖范围内、最近曲线上距离最短的点。

控制点（K）　可捕捉曲线的控制点。包括：直线的端点和中点，圆、椭圆的端点、中点、象限点，圆弧的端点、中点，样条曲线的型值点。

存在点（G）　用曲线生成中的点工具生成的独立存在的点。

例如，在生成直线时，系统提示“输入起点：”后，按空格键就会弹出点工具菜单。根据所需要的方式，选择点定位方式就可以了。

用户也可以使用热键来切换到所需要的点状态。热键就是点工具菜单中每种点后面括号中的字母。

例如，在生成过圆心的直线时，需要定位一个圆的圆心。当系统提示“输入起点：”后，按 C 键就可以将“点”状态切换到“圆心点”状态。

各类点均可以输入增量点，可以用直角坐标系、极坐标系和球坐标系三者之一输入增量坐标，系统提供“立即”菜单、切换和输入数值。

在“缺省”点状态下，系统根据鼠标位置自动判断端点、中点、交点和屏幕点。进入系统时系统点状态为缺省点。

用户可以选择对工具点状态是否进行锁定，可在“系统参数设定”功能框里根据用户需要和习惯选择相应的选项。若工具点状态锁定时，工具点状态一经指定就不能改变，直到重新指定为止；但增量点例外，使用完后即恢复到非相对点状态。若选择不锁定工具点状态时，工具点使用一次之后即恢复到“缺省点”状态。用户可以通过系统底部的状态显示区了解当前的工具点状态。

二、直线

直线是构成图形的基本要素之一。CAXA 数控车提供了六种绘制直线的方法。

单击主菜单中的【曲线生成】→【直线】命令，或单击“直线”图标，弹出直线的“立即”菜单。在“立即”菜单中单击“两点线”右边的下拉菜单，弹出绘制直线的六种方式。在“立即”菜单中选择不同方式，根据状态栏提示绘制直线。

(一) 两点线

1. 功能

按给定两点绘制一条或多条、单个或连续直线。

2. 操作

① 单击“直线”图标，在“立即”菜单中选择“两点线”。

② 设置两点线的绘制模式。

③ 按状态栏提示，给出（键盘输入或拾取）第一点和第二点，生成两点线。

3. 参数

连续　每段直线相互连接，前一段直线的终点为下一段直线的起点。

单个　每次绘制的直线相互独立，互不相关。

正交　所画直线与坐标轴平行。

非正交　可以画任意方向的直线，包括正交的直线。

点方式　指定两点，画出正交直线。

长度方式　指定长度和点，画出正交直线。

(二) 平行线

1. 功能

按给定距离或通过给定的已知点，绘制与已知线段平行且长度相等的平行线段。

2. 操作

① 单击“直线”图标，在“立即”菜单中选择“平行线”。

② 若为“距离”方式，输入距离值和直线条数，按状态栏提示拾取直线，给出等距方向，生成已知直线的平行线。

③ 若为“过点”方式，按状态栏提示拾取点，生成过指定点的已知直线的平行线。

(三) 角度线

1. 功能

生成与坐标轴或一条直线成定夹角的直线。

2. 操作

① 单击“直线”图标，在“立即”菜单中选择“角度线”。

② 设置夹角类型和角度值，按状态栏提示，给出第 -点、给出第二点或输入角度线长度，生成角度线。

3. 参数

夹角类型　包括与 X 轴夹角、与 Y 轴夹角、与直线夹角。

角度　与所选方向夹角的大小。X 轴正向到 Y 轴正向的成角方向为正值。

(四) 切线/法线

1. 功能

过给定点作已知曲线的切线或法线。

2. 操作

① 单击“直线”图标，在立即菜单中选择“切线/法线”。

② 选择切线或法线，给出长度值。

③ 拾取曲线，输入直线中点，生成指定长度的切线或法线，如图 3-3 所示。

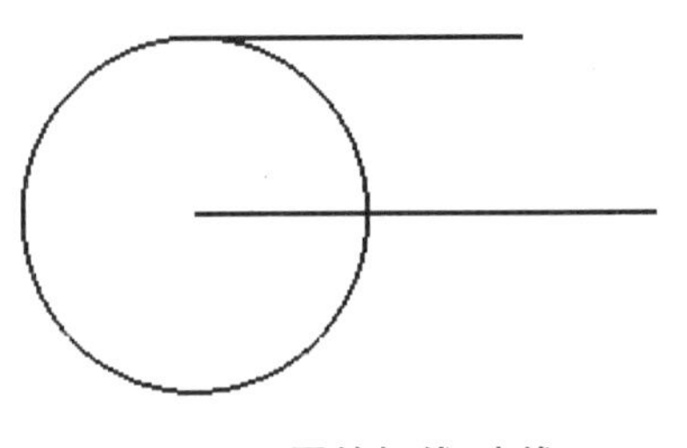

图 3-3　圆的切线/法线

3. 说明

① 作曲线的切线时，“切线”可以作出垂直于圆心与直线中心连线的垂线，输入直线中点可以在圆内、圆外、圆上。

② 作直线的切线时，“切线”可以作出直线的平行线。

③ 作曲线的法线时，“法线”可以作出圆心与直线中心的连线，输入直线中点可以在圆内、圆外、圆上。

④ 当作直线的法线时，“法线”可以作出直线的垂直线。

(五) 角等分线

1. 功能

生成给定长度的角等分线。

2. 操作

① 单击“直线”图标，在“立即”菜单中选择“角等分线”，输入等分份数和长度值。

② 拾取第一条直线和第二条直线，生成等分线，如图 3-4 所示。

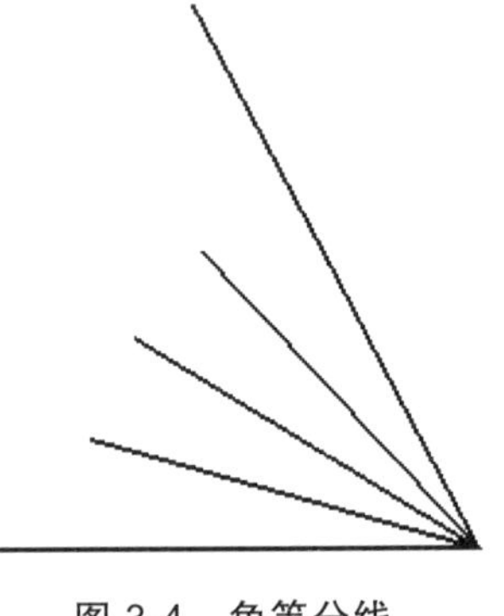

图 3-4　角等分线

(六) 水平/铅垂线

1. 功能

生成平行或垂直于当前平面坐标轴给定长度的直线。

2. 操作

① 单击“直线”图标，在“立即”菜单中选择“水平/铅垂线”，设置正交线类型（包括水平、铅垂、水平+铅垂三种类型），给出长度值。

② 输入直线中点，生成指定长度的水平、铅垂或水平/铅垂线。

三、圆

圆是图形构成的基本要素之一。CAXA 数控车提供了三种绘制圆的方法。

单击主菜单中的【曲线生成】→【圆】命令，或单击“圆”图标，在立即菜单中选择画圆方式，根据状态栏提示绘制整圆。

(一) “圆心_半径”画圆

1. 功能

绘制已知圆心和半径的圆。

2. 操作

①单击“圆”图标，在“立即”菜单中选择“圆心_半径”。
② 给出圆心点，输入圆上一点或圆的半径，生成整圆。

(二) “三点”画圆

1. 功能

过已知三点画圆。

2. 操作

① 单击“圆”图标，在“立即”菜单中选择“三点”。
② 给出第一点、第二点、第三点，生成整圆。

(三) “两点_半径”画圆

1. 功能

绘制已知圆上两点和半径的圆。

2. 操作

① 单击“圆”图标，在“立即”菜单中选择“两点_半径”。
② 给出圆上第一点、第二点、第三点或半径，生成整圆。

四、圆弧

圆弧是图形构成的基本要素，CAXA 数控车提供了六种圆弧的绘制方法。

单击主菜单中的【曲线生成】→【圆弧】命令，或单击“圆弧”图标，在“立即”菜单中选择画圆弧方式，根据状态栏提示绘制圆弧。

(一) “三点圆弧”画圆弧

1. 功能

过已知三点画圆弧，其中第一点为起点，第三点为终点，第二点决定圆弧的位置和方向。

2. 操作

① 单击“圆弧”图标，在“立即”菜单中选择“三点圆弧”，则出现“立即”菜单。
② 给定第一点、第二点和第三点，生成圆弧。

(二) “圆心_起点_圆心角”画圆弧

1. 功能

绘制已知圆心、起点及圆心角或终点的圆弧。

2. 操作

① 单击“圆弧”图标，在“立即”菜单中选择“圆心_起点_圆心角”，则出现“立即”菜单。

② 给定圆心、起点，给出圆心和弧终点所确定射线上的点，生成圆弧。

(三) “圆心_半径_起终角”画圆弧

1. 功能

由圆心、半径和起终角画圆弧。

2. 操作

① 单击“圆弧”图标，在“立即”菜单中选择“圆心_半径_起终角”，则出现“立即”菜单。

② 给定起始角和终止角的数值。

③ 给定圆心，输入圆上一点或半径，生成圆弧。

(四) “两点_半径”画圆弧

1. 功能

过已知两点，按给定半径画圆弧。

2. 操作

① 单击“圆弧”图标，在“立即”菜单中选择“两点_半径”，则出现“立即”菜单。

② 给定第一点、第二点、第三点或半径，绘制圆弧。

(五) “起点_终点_圆心角”画圆弧

1. 功能

已知起点、终点和圆心角画圆弧。

2. 操作

① 单击“圆弧”图标，在“立即”菜单中选择“起点_终点_圆心角”，则出现“立即”菜单。

② 给定起点和终点，生成圆弧。

(六) “起点_半径_起终角”画圆弧

1. 功能

由起点、半径和起终角画圆弧。

2. 操作

① 单击“圆弧”图标，在“立即”菜单中选择“起点_半径_起终角”，则出现“立即”菜单。

② 给定起点和终点，生成圆弧。

五、椭圆

1. 功能

按给定参数绘制椭圆或椭圆弧。

2. 参数

长半轴　椭圆的长半轴尺寸值。
短半轴　椭圆的短半轴尺寸值。
旋转角　椭圆的长轴与默认起始基准所夹的角度。
起始角　画椭圆弧时起始位置与默认起始基准所夹的角度。
终止角　画椭圆弧时终止位置与默认起始基准所夹的角度。

3. 操作

① 单击“椭圆”图标，在“立即”菜单中设置参数。
② 使用鼠标捕捉或使用键盘输入椭圆中心，生成椭圆（终止角度 = 360°）或椭圆弧（终止角度 < 360°）。

六、样条曲线

生成过给定顶点（样条插值点）的样条曲线。CAXA 数控车提供了逼近和插值两种方式生成样条曲线。采用逼近方式生成的样条曲线有比较少的控制顶点，并且曲线品质比较好，适用于数据点比较多的情况；采用插值方式生成的样条曲线，可以控制生成样条的端点切矢，使其满足一定的相切条件，也可以生成一条封闭的样条曲线。

单击主菜单中的【曲线生成】→【样条】命令，或单击“样条线”图标，在“立即”菜单中选择样条曲线生成方式，根据状态栏提示进行操作，生成样条曲线。

(一) 逼近

1. 功能

顺序输入一系列点，系统根据给定的精度，生成拟合这些点的光滑样条曲线。

2. 参数

逼近精度　样条曲线与输入数据点之间的最大偏差值。

3. 操作

① 单击“样条线”图标，在“立即”菜单中选择“逼近”方式，设置逼近精度。
② 拾取多个点，按右键确认，生成样条曲线。

(二) 插值

1. 功能

顺序通过数据点，生成一条光滑的样条曲线。

2. 参数

缺省切矢　按照系统默认的切矢绘制样条曲线。

给定切矢　按照需要给定切矢方向绘制样条曲线。

闭曲线　是指首尾相接的样条曲线。

开曲线　是指首尾不相接的样条曲线。

3. 操作

① 单击“样条线”图标，在“立即”菜单中选择“插值”方式，缺省切矢或给定切矢、开曲线或闭曲线，按顺序输入一系列点。

② 若为缺省切矢，拾取多个点，按右键确认，生成样条曲线。

③ 若为给定切矢，拾取多个点，按右键确认，根据状态栏提示，给定终点切矢和起点切矢，生成样条曲线。

七、公式曲线

公式曲线是根据数学表达式或参数表达式所绘制的数学曲线。

公式曲线是 CAXA 数控车所提供的曲线绘制方式，利用它可以方便地绘制出形状复杂的样条曲线。当需要生成的曲线是用数学公式表示时，可以利用“曲线生成”模块的“公式曲线”生成功能来得到所需要的曲线。曲线是用 B 样条曲线来表示的。同时，为用户提供了一种更方便、更精确的作图手段，以适应某些精确轨迹线形的设计。

曲线的表达公式要用参数方式表达出来，例如，圆的公式 $x^2+y^2=R^2$ 要表示成：

$$x=R\cos(t),\quad y=R\sin(t)$$

如果要写到下面的公式曲线对话框中，就要确定 R 的实际值（例如，取 R=10），那么就要在对话框中填写下面三个参数表达式。

x(t)= 10*cos(t)

y(t)= 10*sin(t)

z(t)=0

1. 功能

根据数学表达式或参数表达式绘制样条曲线。

在“公式曲线”对话框中可以进行以下设置：

坐标系　参数表达式如果是直角坐标形式，需要填写 x(t)、y(t)、z(t)；如果是极坐标形式，则需要填写 p(t)、z(t)。

精度　给定公式的曲线，其最后结果是用 B 样条来表示的。精度就是用 B 样条拟合公式曲线所要达到的精确程度。

起始参数、终止参数　参数表达式中 t 的最小值和最大值。

参数单位　当表达式中有三角函数时，设定三角函数的变量是用角度表示还是用弧度表示。

预显平面　对于一个空间的公式曲线，可以从两个视力方向预显曲线的形状。

2. 操作

① 单击主菜单中的【曲线生成】→【公式曲线】命令，或单击“公式曲线”图标，系统

弹出“公式曲线”对话框，如图 3-5 所示。

② 选择坐标系和参变量单位类型，给出参数及参数方程，单击“确定”按钮。

③ 在绘图区中给出公式曲线定位点（坐标原点），生成公式曲线如图 3-6 所示。

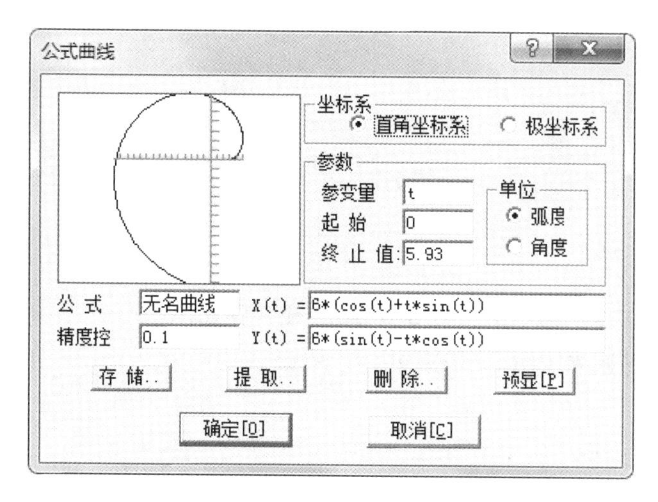

图 3-5 “公式曲线”对话框

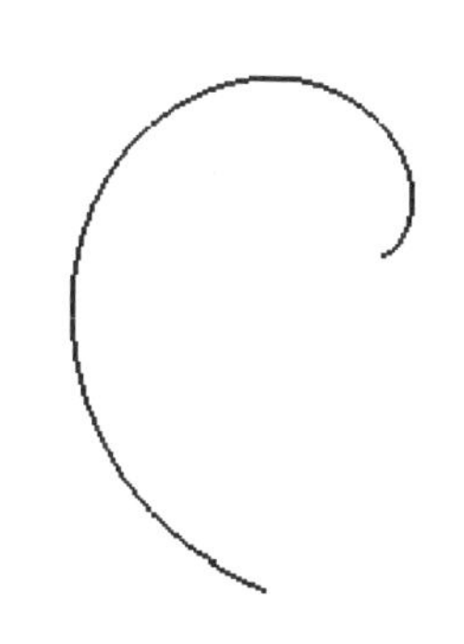

图 3-6 公式曲线

八、正多边形

在给定点处绘制一个给定半径和边数的正多边形，其定位方式由菜单及操作提示给出。

单击主菜单中的【曲线生成】→【多边形】命令，或单击“正多边形”图标，在立即菜单中选择绘制方式，根据状态栏提示操作，绘制正多边形。

(一) 边

1. 功能

根据输入边数绘制正多边形。

2. 操作

① 单击“正多边形”图标，在“立即”菜单中选择多边形类型为“边”，输入边数。

② 输入边的起点和终点，生成正多边形。

(二) 中心

1. 功能

以输入点为中心，绘制内切或外接多边形。

2. 操作

① 单击“正多边形”图标，在“立即”菜单中选择多边形类型为中心、内接或外接，输入边数。

② 输入中心和边数终点，生成正多边形。

九、等距线

绘制给定曲线的等距线。

单击主菜单中的【曲线生成】→【等距线】命令，或单击“等距线”图标，选择等距方式，根据状态栏提示，生成等距线。

(一) 等距

1. 功能

按照给定的距离作曲线的等距线。

2. 操作

① 单击“等距线”图标，在“立即”菜单中选择“等距”，输入距离。

② 拾取曲线，给出等距方向，生成等距线。

(二) 变等距

1. 功能

按照给定的起始和终止距离，作沿给定方向变化距离的曲线的变等距线。

2. 操作

① 单击“等距线”图标，在“立即”菜单中选择“变等距”，输入起始距离、终止距离。

② 拾取曲线，给出等距方向和距离变化方向（从小到大），生成变等距线。

第二节　曲线编辑

利用基本曲线绘制功能虽然可以生成复杂的几何图形，但却非常麻烦和浪费时间。如同大多数 CAD 软件一样，CAXA 数控车提供了多种曲线编辑功能，可有效地提高绘图速度。本节主要介绍曲线的常用编辑命令及操作方法。

一、曲线裁剪

曲线裁剪是指利用一个或多个几何元素（曲线或点）对给定曲线进行修整，裁掉曲线不需要的部分，得到新的曲线。

曲线裁剪共有快速裁剪、线裁剪、点裁剪和修剪四种方式。

其中，线裁剪和点裁剪具有延伸特性，即如果剪刀线和被裁剪曲线之间没有实际交点，系统在分别延长被裁剪线和剪刀线后进行求交，在交点处对曲线进行裁剪。延伸的规则是：直线和样条线按端点切线方向延伸，圆弧按整圆处理。

快速裁剪、修剪和线裁剪具有投影裁剪功能，曲线在当前坐标平面上施行投影后，进行求交裁剪，从而实现不共面曲线的裁剪。该功能适用于不共面曲线之间的裁剪。

单击主菜单中的【曲线编辑】→【曲线裁剪】命令，或单击“曲线裁剪”图标，根据状态栏提示操作，即可对曲线进行裁剪操作。

(一) 快速裁剪

1. 功能

将拾取到的曲线沿最近的边界处进行裁剪。

2. 操作

① 单击“曲线裁剪”图标，在立即菜单中选择“快速裁剪”。
② 拾取需裁剪的曲线段，快速完成裁剪。

3. 说明

① 当需裁剪曲线交点较多的时候，使用快速裁剪会使系统计算量过大，降低工作效率。
② 对于与其他曲线不相交的曲线，不能使用裁剪命令，只能用删除命令将其去掉。

(二) 修剪

1. 功能

拾取一条或多条曲线作为剪刀线，对一系列被裁剪曲线进行裁剪。

2. 操作

① 单击“曲线裁剪”图标，在“立即”菜单中选择“修剪”。
② 拾取一条或多条剪刀曲线，按右键确认，拾取需裁剪的曲线段，修剪完成。

(三) 线裁剪

1. 功能

以一条曲线作为剪刀，对其他曲线进行裁剪。

2. 操作

① 单击“曲线裁剪”图标，在“立即”菜单中选择“线裁剪”。
② 拾取一条直线作为剪刀线，拾取被裁剪的线（选取保留的段），完成裁剪操作。

(四) 点裁剪

1. 功能

利用点作为剪刀，在曲线离剪刀点的最近处进行裁剪。

2. 操作

① 单击“曲线裁剪”图标，在“立即”菜单中选择“点裁剪”。
② 拾取被裁剪的线（选取保留的线段），拾取剪刀点，完成裁剪操作。

二、曲线过渡

曲线过渡是指对指定的两条曲线进行圆弧过渡、尖角过渡或倒角过渡。

单击主菜单中的【曲线编辑】→【曲线过渡】命令，或单击“曲线过渡”图标，按照状态栏提示操作，即可完成曲线过渡操作。

(一) 圆弧过渡

1. 功能

用于在两条曲线之间进行给定圆弧半径的光滑过渡。

2. 操作

① 单击“曲线过渡”图标，在“立即”菜单中选择“圆弧过渡”，设置过渡参数。

② 拾取第一条曲线、第二条曲线，形成圆弧过渡。

(二) 倒角过渡

1. 功能

用于在给定的两直线之间形成倒角过渡，过渡后在两直线之间生成按给定角度和长度的直线。

2. 操作

① 单击“曲线过渡”图标，在“立即”菜单中选择“倒角裁剪”，输入角度和距离值，选择是否裁剪曲线 1 和曲线 2。

② 拾取第一条曲线、 第二条曲线，形成倒角过渡。

(三) 尖角过渡

1. 功能

用于在给定的两曲线之间形成尖角过渡，过渡后两曲线相互裁剪或延伸，在交点处形成尖角。

2. 操作

① 单击“曲线过渡”图标，在“立即”菜单中选择“尖角过渡”。

② 拾取第一条曲线、第二条曲线，形成尖角过渡。

三、曲线打断

1. 功能

曲线打断用于把拾取到的一条曲线在指定点处打断，形成两条曲线。

2. 操作

① 单击主菜单中的【曲线编辑】→【曲线打断】命令，或单击“曲线打断”图标。

② 拾取被打断的曲线，拾取打断点，将曲线打断成两段。

四、曲线拉伸

1. 功能

将指定曲线拉伸到指定点。

2. 操作

① 单击主菜单中的【曲线编辑】→【曲线拉伸】命令，或单击“曲线拉伸”图标。

② 拾取需拉伸的曲线，指定终止点，完成拉伸曲线操作。

第三节　几何变换

几何变换是指利用平移、旋转、镜像、阵列等几何手段，对曲线的位置、方向等几何属性进行变换，从而移动元素或复制产生新的元素，但并不改变曲线或曲面的长度、半径等自身属性（缩放功能除外）。利用几何变换功能，可有效地简化曲线操作，快速生成具有相同或相似属性的图形对象，对提高作图效率、降低作图难度起到了很大的作用。

一、平移

对拾取到的曲线或曲面进行平移或拷贝。

单击主菜单中的【几何变换】→【平移】命令，或单击“平移”图标，在“立即”菜单中设置参数，根据状态栏提示操作，即可完成平移操作。

(一) 两点

1. 功能

根据给定平移元素的基点和目标点，移动或拷贝图形对象。

2. 操作

① 单击“平移”图标，在“立即”菜单中选择“两点”方式，并设置参数。

② 拾取曲线或曲面，按右键确认，输入基点，拖动几何图形，输入目标点，完成平移操作。

(二) 偏移量

1. 功能

根据给定的偏移量，移动或拷贝图形对象。

2. 操作

① 单击“平移”图标，在“立即”菜单中选择“偏移量”方式，输入X、Y、Z三轴上的偏移量值。

② 状态栏中提示“拾取元素”，选择曲线或曲面，按右键确认，完成平移操作。

二、平面旋转

1. 功能

对拾取到的几何对象进行空间的旋转或旋转拷贝。

2. 操作

① 单击主菜单中的【几何变换】→【平面旋转】命令，或单击“平面旋转”图标。

② 在“立即”菜单中选择“移动”或“拷贝”，输入旋转角度值。

③ 指定旋转中心，拾取旋转对象，选择完成后按右键确认，完成平面旋转操作。

3. 说明

旋转角度以逆时针方向为正，顺时针方向为负（相对于面向当前平面而言）。

三、旋转

1. 功能

对拾取到的几何对象进行空间的旋转或旋转拷贝。

2. 操作

① 单击主菜单中的【几何变换】→【旋转】命令，或单击“旋转”图标。

② 在“立即”菜单中选择旋转方式（移动或拷贝），输入旋转角度值。

③ 给出旋转轴起点、旋转轴终点，拾取旋转元素，完成后按右键确认，完成旋转操作。

3. 说明

旋转角度遵循右手螺旋法则，即以拇指指向为旋转轴正向，四指指向即为旋转方向的正向。

四、平面镜像

1. 功能

以直线为对称轴，在当前平面内对拾取到的图形对象进行镜像操作。

2. 操作

① 单击主菜单中的【几何变换】→【平面镜像】命令，或单击“平面镜像”图标。

② 在“立即”菜单中选择“移动”或“拷贝”。

③ 拾取镜像轴起点、镜像轴终点，拾取镜像元素，拾取完成后单击右键确认，完成平面镜像操作。

五、镜像

1. 功能

以某一平面为对称平面，对拾取到的图形对象进行镜像操作。

2. 操作

① 单击主菜单中的【几何变换】→【镜像】命令，或单击“镜像”图标，在立即菜单中

选择镜像方式（移动或拷贝）。

② 拾取镜像平面上的第一点、第二点、第三点，确定一个镜像平面。

③ 拾取镜像元素，拾取完成后按右键确认，完成镜像操作。

六、阵列

对拾取到的曲线或曲面，按圆形或矩形方式进行阵列拷贝。

单击主菜单中的【几何变换】→【阵列】命令，或单击“阵列”图标，在“立即”菜单中设置参数，根据状态栏提示操作，即可完成阵列操作。

(一) 矩形阵列

1. 功能

按矩形方式对拾取到的几何对象进行阵列拷贝。

2. 操作

① 单击“阵列”图标，在“立即”菜单中选择“矩形”方式，输入阵列参数。

② 拾取需阵列的元素，按右键确认，完成阵列，如图 3-7 所示。

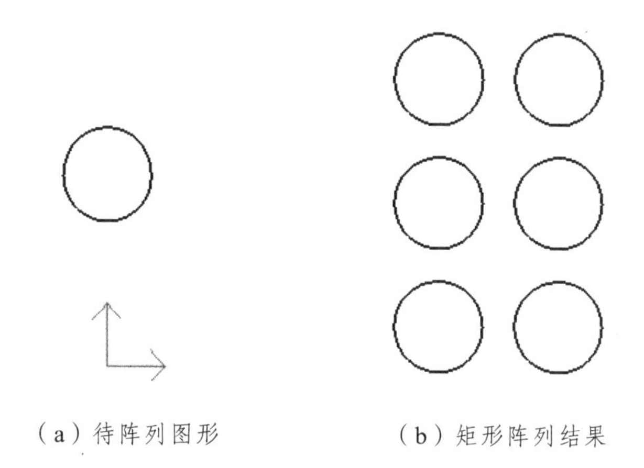

（a）待阵列图形　　（b）矩形阵列结果

图 3-7　矩形阵列

(二) 圆形阵列

1. 功能

按圆形方式对拾取到的几何对象进行阵列拷贝。

2. 操作

① 单击“阵列”图标，在“立即”菜单中选择“圆形”方式，并设置阵列参数。

② 拾取需阵列的元素，按右键确认，输入中心点，完成阵列，如图 3-8 所示。

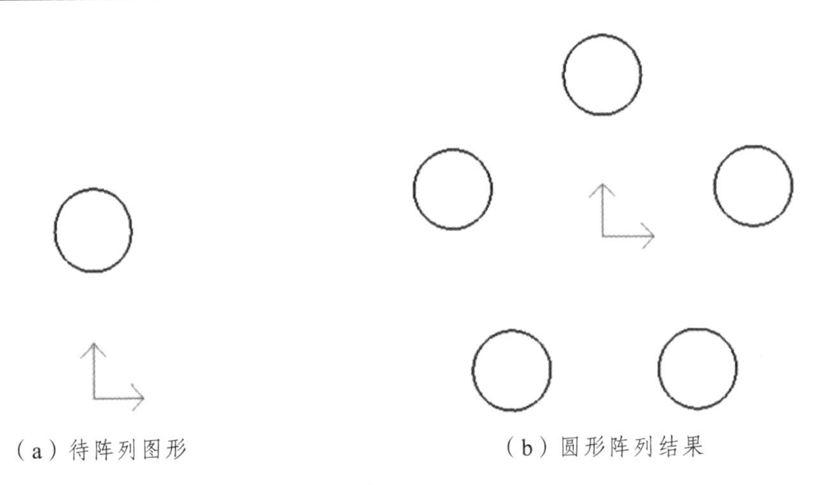

（a）待阵列图形　　（b）圆形阵列结果

图 3-8　圆形阵列

七、缩放

1. 功能

对拾取到的图形对象进行按比例放大或缩小。

2. 操作

① 单击主菜单中的【几何变换】→【缩放】命令，或单击“缩放”图标。

② 在“立即”菜单中选择缩放方式（移动或拷贝），输入 X、Y、Z 三轴的比例。

③ 输入比例缩放的基点，拾取需缩放的元素，按右键确认，缩放完成。

第四节　造型实例

实例 1：　绘制如图 3-9 所示的简单几何图形。

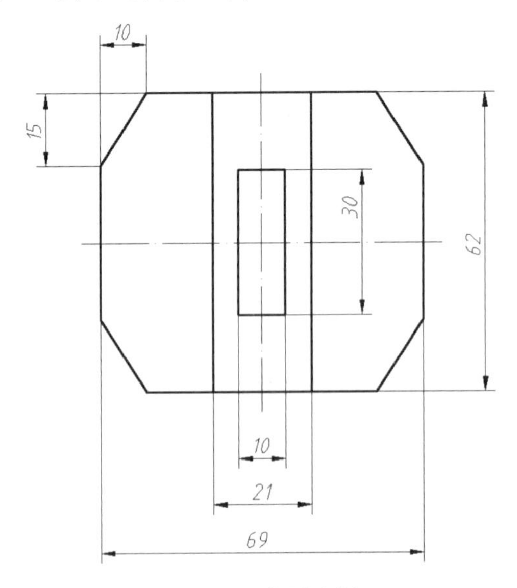

图 3-9　造型实例

具体操作步骤如下：

1. 单击主菜单中的【绘图】→【矩形】命令，或单击“矩形”按钮，在“立即”菜单中选择“长度和宽度_中心定位”方式，如图 3-10 所示，根据状态栏提示输入矩形的“长度”69、“宽度”62，用鼠标左键任意选中一个点；用相同步骤作出长 10、宽 30 的矩形，中心点选择同一点，作出如图 3-11 所示图形。。

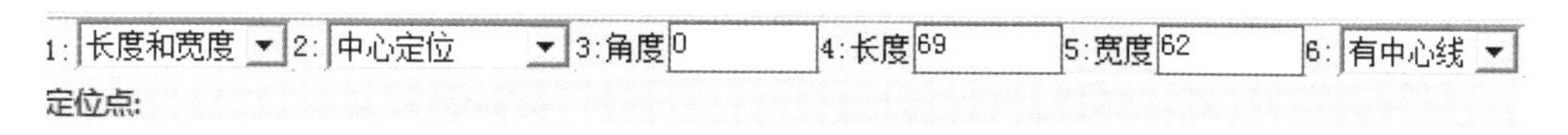

图 3-10　矩形命令的“立即”菜单

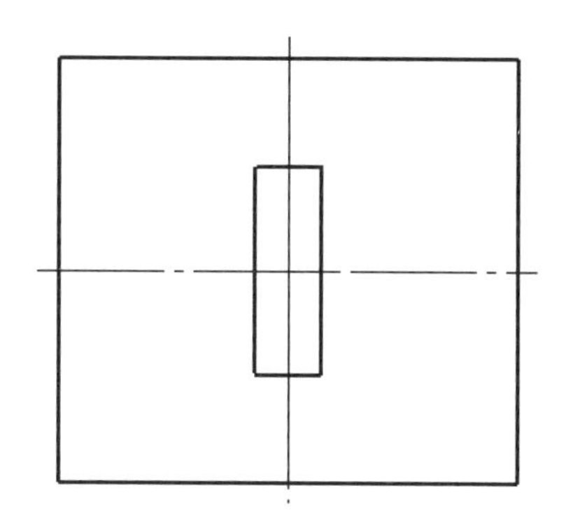

图 3-11　矩形作图

2. 单击主菜单中的【绘图】→【平行线】命令，或单击“平行线”按钮，在“立即”菜单中选择“偏移方式_双向”方式，点击图 3-11 中铅垂线方向的中心线，输入“偏移距离”10.5，并将多余部分裁剪掉，修改线型为粗实线，得到如图 3-12 所示图形。

3. 单击主菜单中的【绘图】→【平行线】命令，或单击“平行线”按钮，在“立即”菜单中选择“偏移方式_单向”方式，点击矩形左边，输入“偏移距离”10，相同步骤点击矩形顶边，输入“偏移距离”15，将两交点用直线连接；将得到的线段沿两条中心线分别镜像，再将多余线段裁剪，得到最终图形如图 3-13 所示。

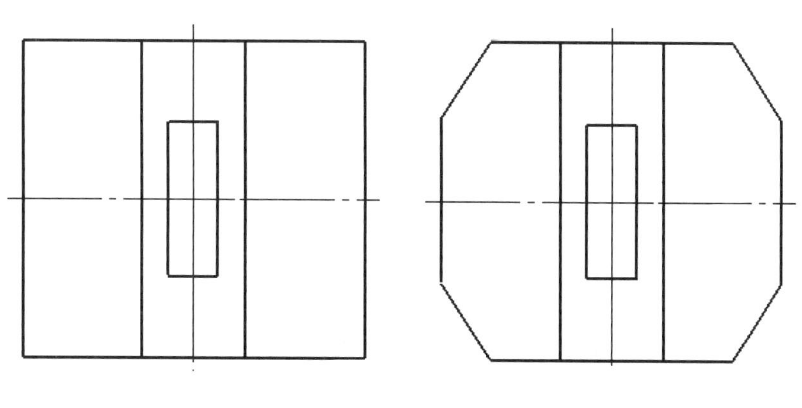

图 3-12　平移作图　　　图 3-13　最终图形

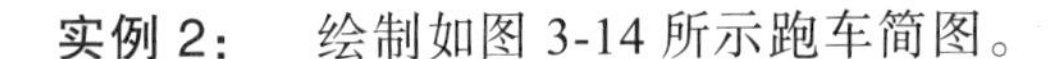

实例 2： 绘制如图 3-14 所示跑车简图。

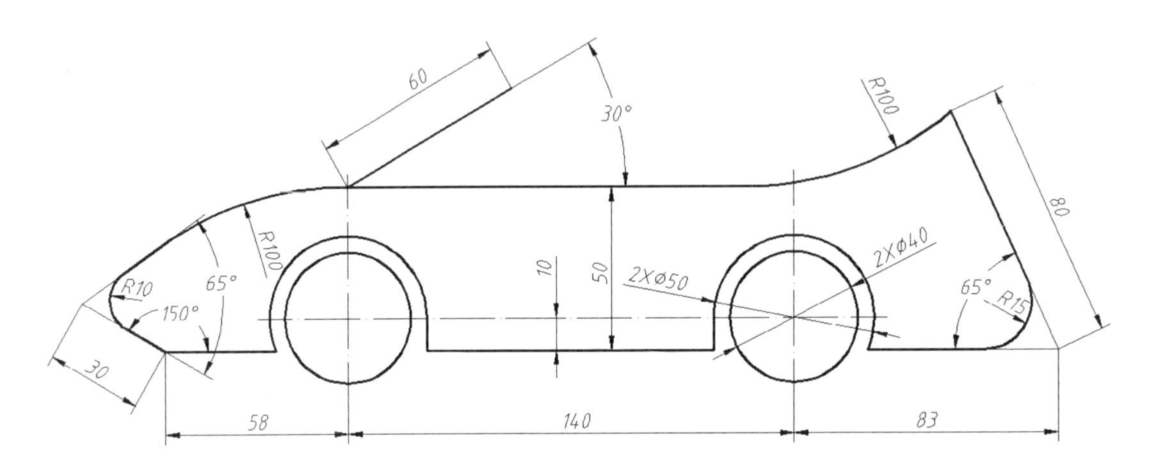

图 3-14　跑车简图

具体操作步骤如下：

① 单击主菜单中的【绘图】→【直线】命令，或单击“直线”按钮，在“立即”菜单中选择“两点线_单个_正交”方式，作出跑车两车轮的中心线；单击主菜单中的【绘图】→【圆】命令，或单击“圆”按钮，在“立即”菜单中选择“圆心_半径”方式，分别输入直径“40”和“50”，画出车轮处的圆。

② 单击主菜单中的【绘图】→【平行线】命令，或单击“平行线”按钮，在“立即”菜单中选择“偏移方式_单向”方式作出跑车两车轮处长为 140 的直线，然后选择【绘图】→【直线】命令分别作出 58 和 83 两条直线并作修剪，得到图形如 3-15 所示。

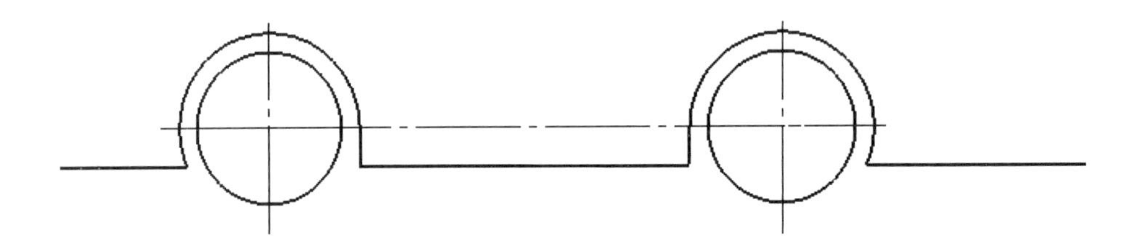

图 3-15　跑车车轮部分

③ 单击主菜单中的【绘图】→【直线】命令，或单击“直线”按钮，在“立即”菜单中选择“角度线_X 轴夹角”方式，输入“夹角”150°、“距离”30；相同步骤选择【直线】命令，在“立即”菜单中选择“角度线_直线夹角”，选择 150° 直线，输入“夹角”65°，长度任意；单击主菜单中的【绘图】→【平行线】命令，或单击“平行线”按钮，在“立即”菜单中选择“偏移方式_单向”方式，点击两车轮中间直线，输入“距离”50，作出车身直线；单击主菜单中的【修改】→【过渡】命令，或单击“过渡”按钮，在“立即”菜单中选择“圆角_裁剪”方式，分别输入“半径”10、100，得到如图 3-16 所示图形。

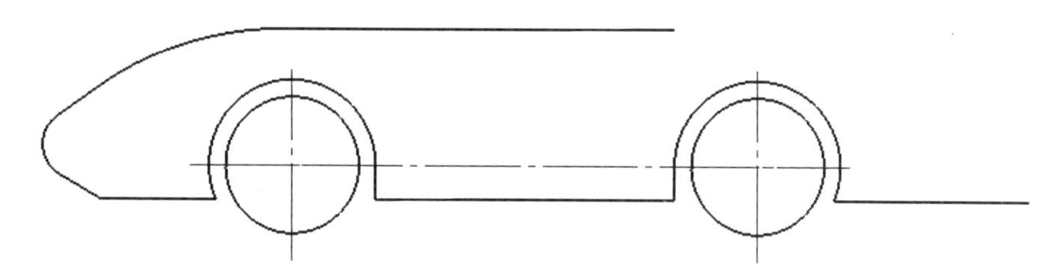

图 3-16 跑车车头部分

④ 单击主菜单中的【绘图】→【直线】命令，或单击“直线”按钮，在“立即”菜单中选择“角度线_X 轴夹角”方式，输入“夹角”115°、“距离”80；单击主菜单中的【绘图】→【圆弧】命令，或单击“圆弧”按钮，在“立即”菜单中选择“两点_半径”方式，第一点选择长 80 直线上的端点，第二点直接敲击“空格”，在点“立即”菜单中选择“切点”，点击车身上部直线，输入“半径”100；单击主菜单中的【修改】→【过渡】命令，或单击“过渡”按钮，在“立即”菜单中选择“圆角_裁剪”方式，输入“半径”15，稍做修剪，得到车尾图形如图 3-17 所示。

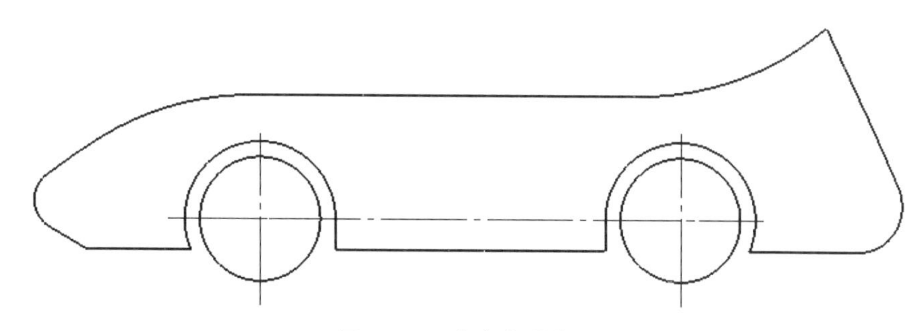

图 3-17 跑车车尾部分

⑤ 单击主菜单中的【修改】→【拉伸】命令，或单击“拉伸”按钮，将前轮铅垂中心线上拉至车窗位置；单击主菜单中的【绘图】→【直线】命令，或单击“直线”按钮，在“立即”菜单中选择“角度线_X 轴夹角”方式，输入“夹角”30°、“长度”60，在交点处作出车窗，即可得到如图 3-14 所示的跑车图形。

思考与练习

一、填空题

1. 在 CAXA 数控车中，坐标____________可以表示为“10”；坐标____________可以表示为“10,，20”；坐标____________可以表示为“，20”。

2. 在 CAXA 数控车中，可以利用点工具菜单精确定位一个点。在进行点的捕捉操作时，可通过按____________键，弹出点工具菜单来改变拾取的类型。

3. 几何变换是指利用____________、____________、____________、____________等几何手段，对曲线的位置、方向等几何属性进行变换，从而移动元素或复制产生新的元素。

4. 曲线裁剪共有____________、____________、____________和____________四种方式。

二、上机练习题

1. 绘制图 3-18 所示零件图。

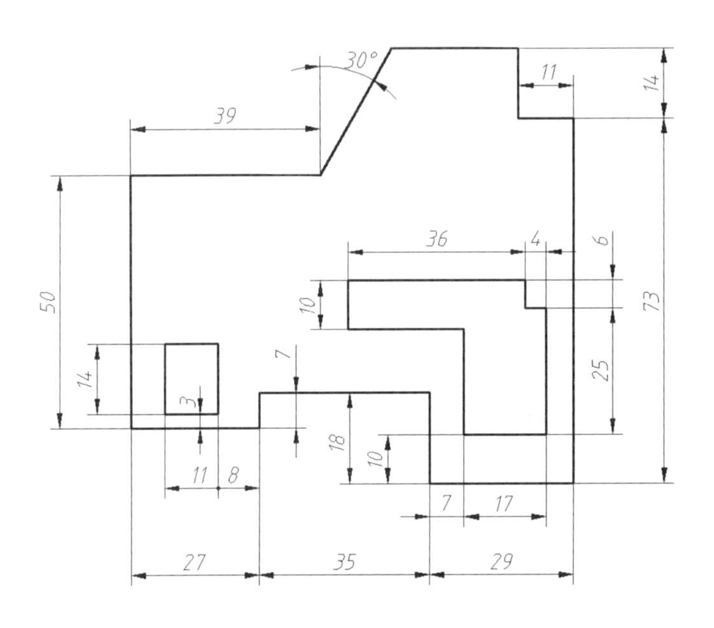

图 3-18　零件简图（1）

2. 绘制图 3-19 所示零件图。

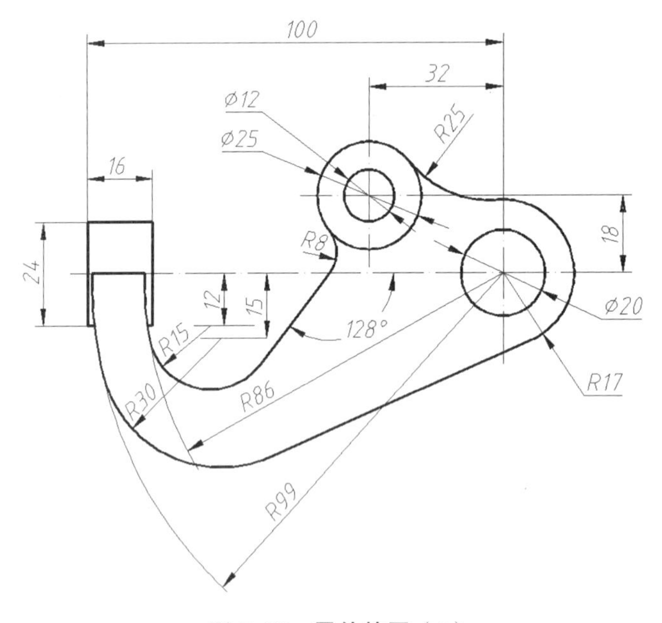

图 3-19　零件简图（2）

3. 绘制图 3-20 所示零件图。

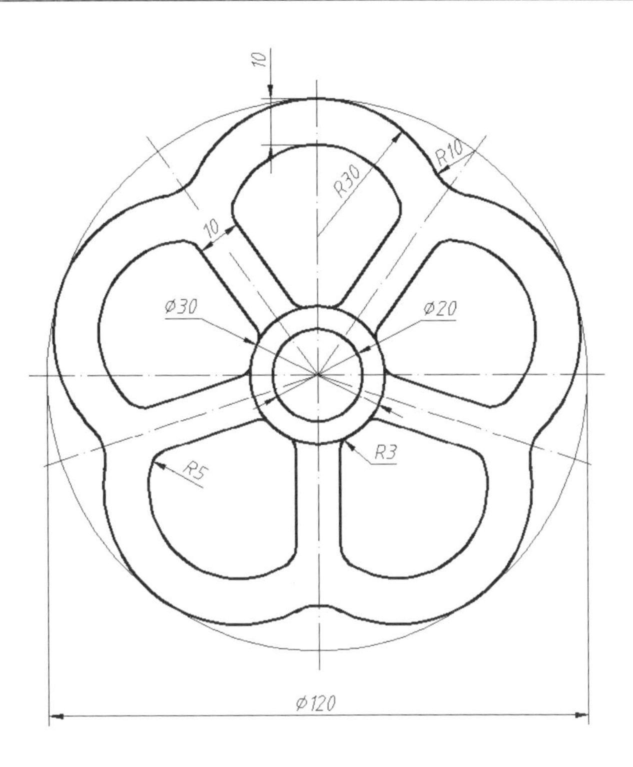

图 3-20　零件简图（3）

4. 绘制图 3-21 所示零件图。

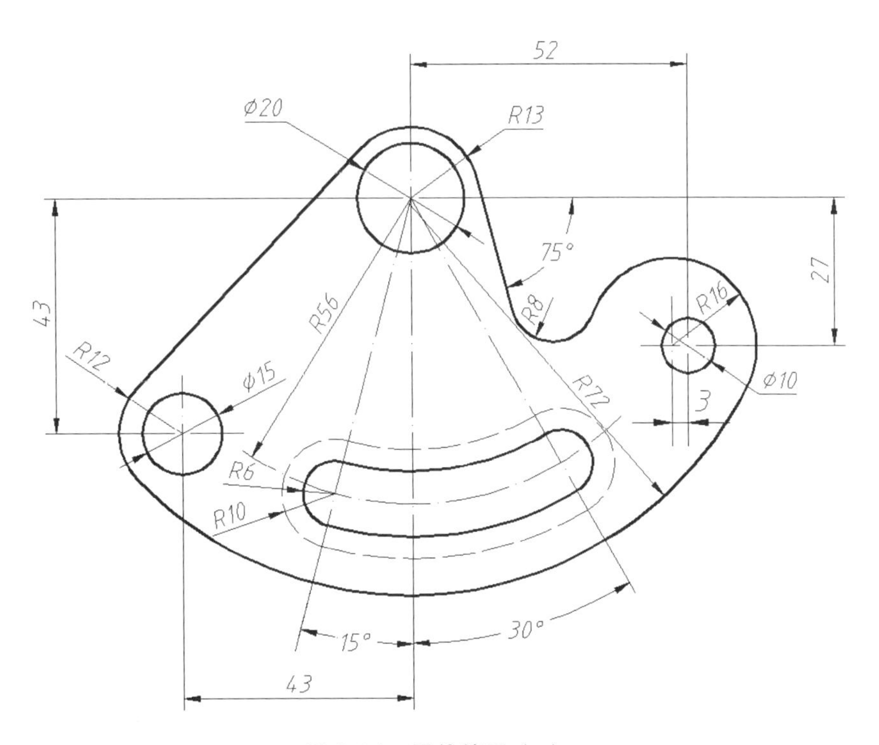

图 3-21　零件简图（4）

5. 绘制图 3-22 所示零件图。

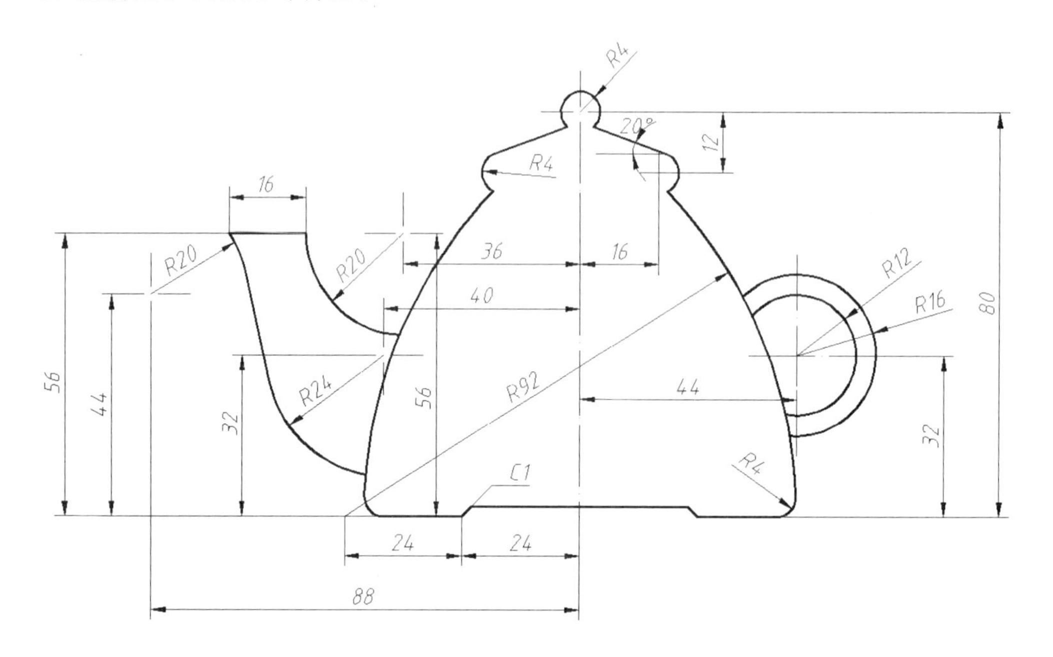

图 3-22　零件简图（5）

第四章 CAXA数控车制造加工

第一节 概 述

一、数控加工的概念

数控加工就是将加工数据和工艺参数输入给机床，由机床的控制系统对输入信息进行运算与控制，并不断向直接指挥机床运动的机电功能转换部件——机床的伺服机构发送脉冲信号，伺服机构对脉冲信号进行转换与放大处理，然后由传动机构驱动机床去加工零件。所以，数控加工的关键是加工数据和工艺参数的获取，即数控编程。数控加工一般包括以下几个内容：

① 对图样进行分析，确定需要数控加工的部分。

② 利用图形软件对需要数控加工的部分造型。

③ 根据加工条件，选择合适的加工参数生成加工轨迹（包括粗加工、半精加工、精加工轨迹）。

④ 轨迹的仿真检验。

⑤ 将信息传送给机床进行加工。

(一) 数控加工的优点

① 零件一致性好，质量稳定。因为数控机床的定位精度和重复定位精度都很高，很容易保证尺寸的一致性，而且大大减少了人为因素的影响。

② 可加工任何复杂的产品，且精度不受复杂度的影响。

③ 可降低工人的劳动强度，大大提高工作效率。

(二) CAXA数控车实现数控加工的过程

① 根据零件图进行几何建模，即用曲线表达工件。

② 根据使用机床的数控系统设置好机床参数，这是正确输出代码的关键。

③ 根据工件形状选择加工方式，合理选择刀具及设置刀具参数，确定切削用量参数。

④ 根据工件形状，选择合适的加工方式，生成刀位轨迹。

⑤ 生成程序代码，经后置处理后传送给数控车床。

数控车床适用于加工具有回转体表面的零件。对于简单的回转体零件，一般采取手工编程方式，但对于一些相对复杂的曲线（如椭圆、抛物线等非圆二次曲线）轮廓，手工编程则需要利用宏程序，工作效率较低。这类零件的程序编制一般选择自动编程来实现，既能提高数控车削精度又能提高编程效率。

二、CAXA 数控车的坐标系

CAXA 绘图要以界面上的零点为基准。后置处理出来的程序坐标也是以界面上的零点为基准。也就是说，绘图界面上的零点和加工时攻坚坐标系的原点是重合的。

(一) 卧式数控车床默认坐标系

数控车床的坐标系一般为一个二维的坐标系：XZ，其中“Z”为水平轴。而一般 CAD/CAM 系统的常用二维坐标系为 XY。为便于与 CAD 系统操作统一，且符合数控车床的实际情况，CAXA 数控车在系统坐标系上做了一些处理。

首先，在 CAXA 数控车系统中，图形坐标的输入仍然按照一般 CAD 系统的方式输入，使用 XY 坐标系。在轨迹生成代码时自动将 X 坐标转换为 Z 坐标，将 Y 坐标转换为 X 坐标。所以在 CAXA 数控车的界面中显示的坐标系如图 4-1 所示，括号中的坐标为输出代码时的坐标，括号外的坐标为系统图形绘制使用的坐标。

(二) 立式数控车床默认坐标系

对于某些立式数控车床，需要使用的默认坐标系与卧式数控车床的坐标系不同。为适应此类数控车床的需求，CAXA 数控车系统提供了功能键“F5”“F6”。按 F5 键为普通数控车床使用的默认坐标系，按 F6 键为立式数控车床使用的默认坐标系（见图 4-2），括号中的坐标为输出机床代码的坐标，括号外的坐标为图形绘制时使用的坐标。

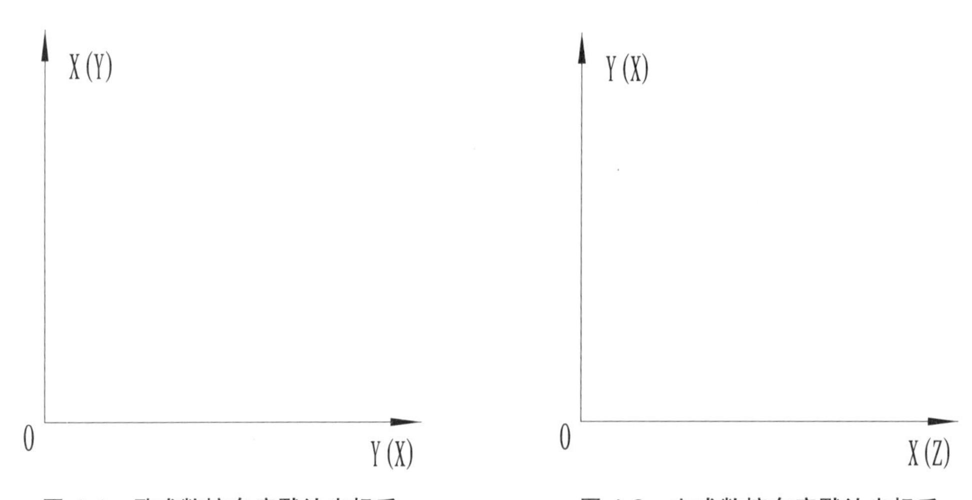

图 4-1　卧式数控车床默认坐标系　　图 4-2　立式数控车床默认坐标系

在 CAXA 数控车加工中，机床坐标系的 Z 轴即是绝对坐标系的 X 轴，平面图形均指投影到绝对坐标系的 XOY 面的图形。

三、CAXA 数控车轮廓

轮廓是一系列首尾相接曲线的集合，如图 4-3 所示。

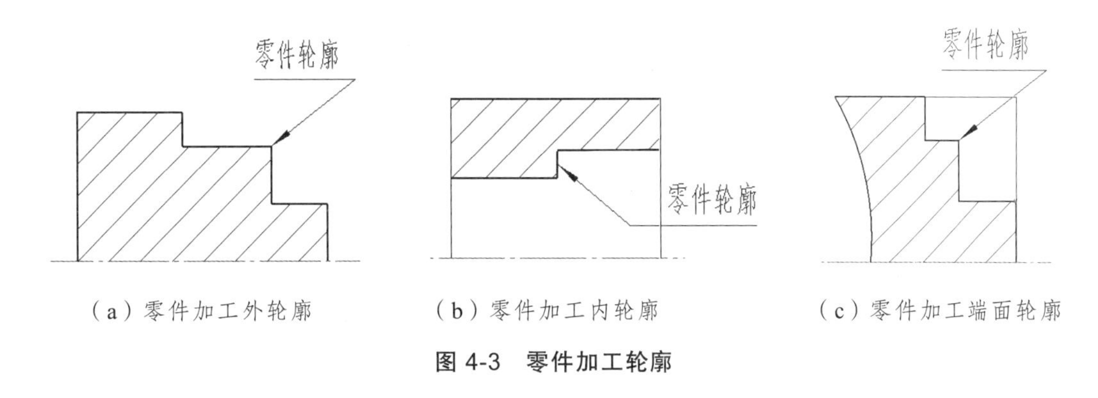

（a）零件加工外轮廓　　（b）零件加工内轮廓　　（c）零件加工端面轮廓

图 4-3 零件加工轮廓

在进行数控编程及交互指定待加工图形时，常常需要用户指定毛坯的轮廓，毛坯轮廓用来界定被加工的表面或被加工的毛坯本身。如果毛坯轮廓是用来界定被加工表面的，则要求指定的轮廓是闭合的；如果加工的是毛坯轮廓本身，则毛坯轮廓也可以不闭合。毛坯轮廓是一系列首尾相接曲线的集合，如图 4-4 所示。

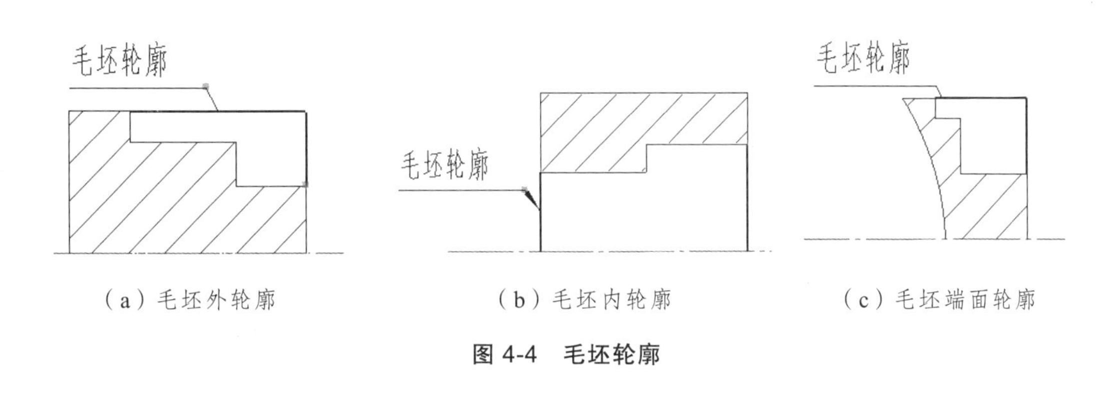

（a）毛坯外轮廓　　（b）毛坯内轮廓　　（c）毛坯端面轮廓

图 4-4 毛坯轮廓

四、数控车床的速度参数

数控车床的速度参数包括主轴转速、接近速度、进给速度和退刀速度。主轴转速是切削时机床主轴转速的角速度；进给速度是正常切削时刀具行进的线速度；接近速度为从进刀点到切入工件前刀具行进的线速度，又称进刀速度；退刀速度为刀具离开工件回到退刀位置时刀具行进的线速度。这些速度参数的给定一般依赖于用户的经验。原则上讲，它们与机床本身、工件的材料、刀具材料、工件的加工精度和表面粗糙度要求等相关。

五、刀具轨迹

刀具轨迹是系统按给定工艺要求生成的对给定加工图形进行切削时刀具行进的路线，刀具轨迹由一系列有序的刀位点和连接这些刀位点的直线（直线插补）或圆弧（圆弧插补）组成。

第二节　刀具库管理

单击“刀具库管理”图标，弹出“刀具库管理”对话框，如图 4-5 所示。“刀具库管理”包括对轮廓车刀、切槽刀具、螺纹车刀和钻孔刀具四种刀具类型的管理。在“刀具库管理”对话框中，用户可以按照需要添加或删除刀具、对已有刀具的参数进行修改、更换当前刀具等。

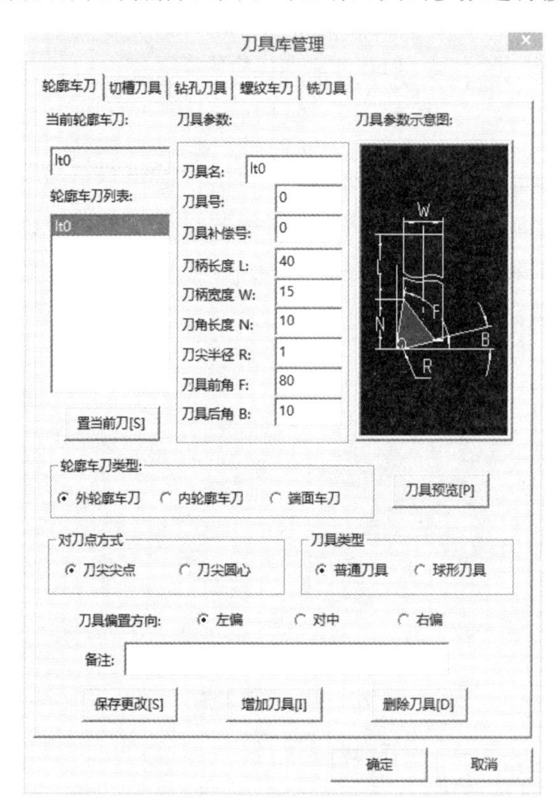

图 4-5　“刀具库管理”对话框

一、轮廓车刀

轮廓车刀主要用来加工零件的内外轮廓面。在“刀具库管理”对话框中（见图 4-5）选择“轮廓车刀”选项，各选项含义如下：

刀具名　刀具的名称，如 lt1、lt2 等。刀具名是唯一的。

刀具号　机床的刀位号，用于后置处理的自动换刀指令，如 01、02 号刀。

刀具补偿号　刀具补偿序列号，用于建立刀补，如 01、02 号刀补。

刀柄长度 L　刀具可夹持段的长度。

刀柄宽度 W　刀具可夹持段的宽度。

刀角长度 N　刀具切削刃的长度。

刀尖半径 R　刀尖圆弧半径。

刀具前角 F　刀具主切削刃与工件旋转轴（Z 轴正方向）的夹角。注意：本软件定义的前角不同于车刀所定义的前角，而是车刀刀尖角与刀具副偏角的和。

刀具后角 B　本软件定义的后角为车刀副切削刃与工件旋转轴（Z 轴正方向）的夹角，相当于车刀的副偏角。

当前轮廓车刀　显示当前使用刀具的刀具名。当前刀具即在当前加工中使用的刀具。注意：在加工轨迹的生成中使用的是当前刀具的刀具参数。

轮廓车刀列表　显示刀具库中所有同类型刀具。可通过鼠标或键盘的上、下键来选择不同的刀具。

置当前刀　单击“置当前刀”按钮或双击所选的刀具可更改当前刀具。

轮廓车刀类型　设有 3 个单选框，用户可以根据加工的需要来选择不同的车刀类型。加工外轮廓时选择外轮廓车刀，镗孔时选择内轮廓车刀，加工端面时选择端面车刀。

刀具预览　单击“刀具预览”按钮可预览所选择刀具的形状。

对刀点方式　有 2 个单选框，一般选择“刀尖尖点”对刀方式。

刀具类型　有 2 个单选框，一般选择“普通刀具”。

刀具偏置方向　分为左偏、对中、右偏，可根据实际加工需要来选择。

二、切槽刀具

切槽刀具主要用于在零件的内外表面进行切槽加工。在“刀具库管理”对话框中选择“切槽刀具”选项，显示图 4-6 所示的“切槽刀具”选项卡，各选项含义如下（只列出不同的主要选项，其他相同选项参阅“轮廓车刀”部分）。

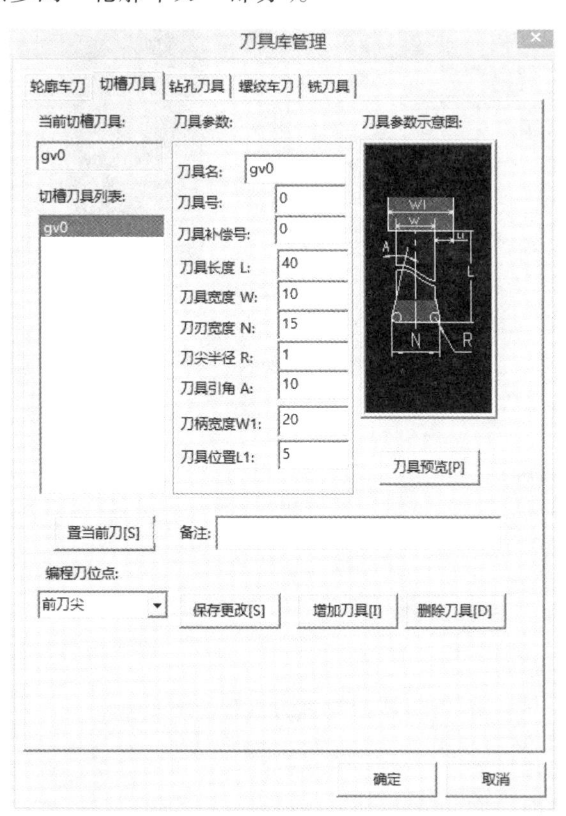

图 4-6　“切槽刀具”参数设置

刀刃宽度 N　刀具主切削刃的宽度。

刀尖半径 R　刀尖圆弧半径，切槽刀具有两处。

刀具引角 A　切槽刀具的副偏角。

刀具宽度 W1　刀具夹持段（刀柄 W1）与刀头之间过渡部分的宽度。注意：在设置切槽刀具的刀具宽度和刀刃宽度时，其刀刃宽度的取值一定要大于刀具宽度，否则报错。

编程刀位点　单击“编程刀位点”下拉菜单，显示图 4-7 所示选择项，用户可根据加工的需要选择其中的选择项。这里需要注意的是，在软件里选择的编程刀位一定要和实际加工过程中实际对刀所选择的刀尖位置一致。如在软件中选择前刀尖，实际对刀时，切槽刀具的前刀尖即为对刀基准点。

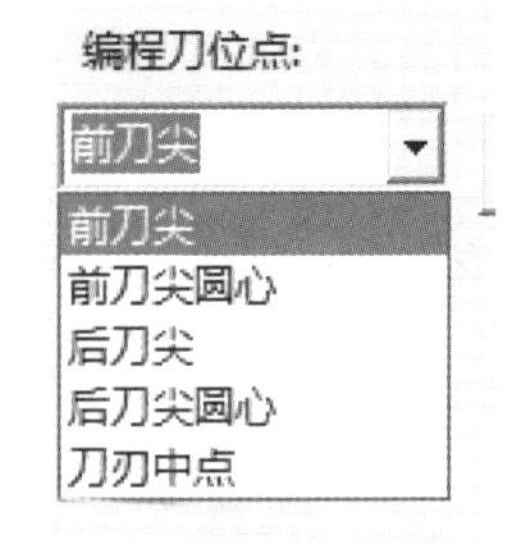

图 4-7 “编程刀位点”下拉菜单

三、钻孔刀具

钻孔刀具主要用于在工件的纵向（Z 向）打孔。在“刀具库管理”对话框中选择“钻孔刀具”选项，显示图 4-8 所示的“钻孔刀具”选项卡，各选项含义如下：

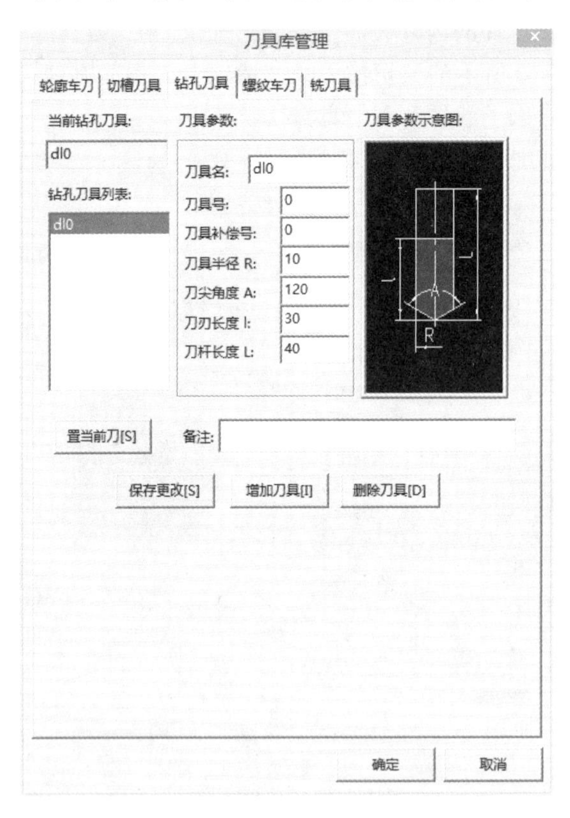

图 4-8 “钻孔刀具”参数设置

刀具半径 R　所用孔加工刀具的半径值。

刀尖角度 A　主切削刃之间的夹角。

刀刃长度 I　承担切削任务部分的长度。

刀杆长度 L　刀刃长度与刀柄长度之和。注意：在设置钻孔刀具的参数时，刀杆的长度一定要大于刀刃的长度。

四、螺纹车刀

螺纹车刀主要用于加工零件的内外螺纹。在“刀具库管理”对话框中选择“螺纹车刀”选项，显示图 4-9 所示的“螺纹车刀”选项卡，各选项含义如下：

刀尖宽度 B　刀尖部分横刃的宽度（取决于螺纹的种类和螺距的大小）。

刀具角度 A　螺纹刀具的刀尖角，等于加工螺纹的牙型角。

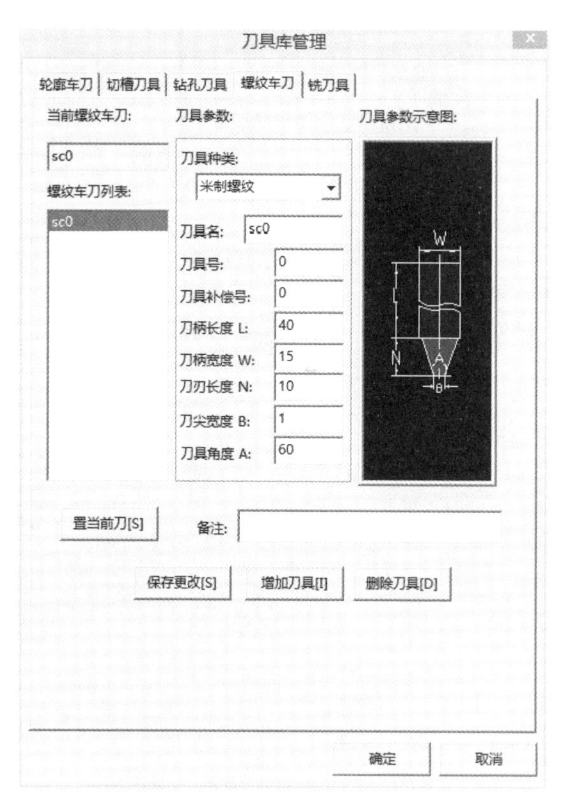

图 4-9 “螺纹车刀”参数设置

第三节　机床设置及机床后置处理

一、机床设置

机床设置就是针对不同的机床、不同的数控系统，设置特定的数控代码、数控程序格式及参数，并生成配置文件。生成数控程序时，系统根据该配置文件的定义生成用户所需要的特定代码格式的加工指令。

机床设置给用户提供了一种灵活方便地设置系统配置的方法。对不同的机床进行适当的配置，具有重要的实际意义。通过设置系统配置的参数，后置处理生成的数控程序可以直接输入数控机床或加工中心进行加工，而无须进行修改。如果已有的机床类型中没有所需的机床，可增加新的机床类型以满足使用要求，并可对新增的机床进行设置。

(一) 机床参数设置

机床参数设置包括主轴控制、数值插补方法、补偿方式、冷却控制、程序启停以及程序加工首尾控制符等，如图 4-10 所示。

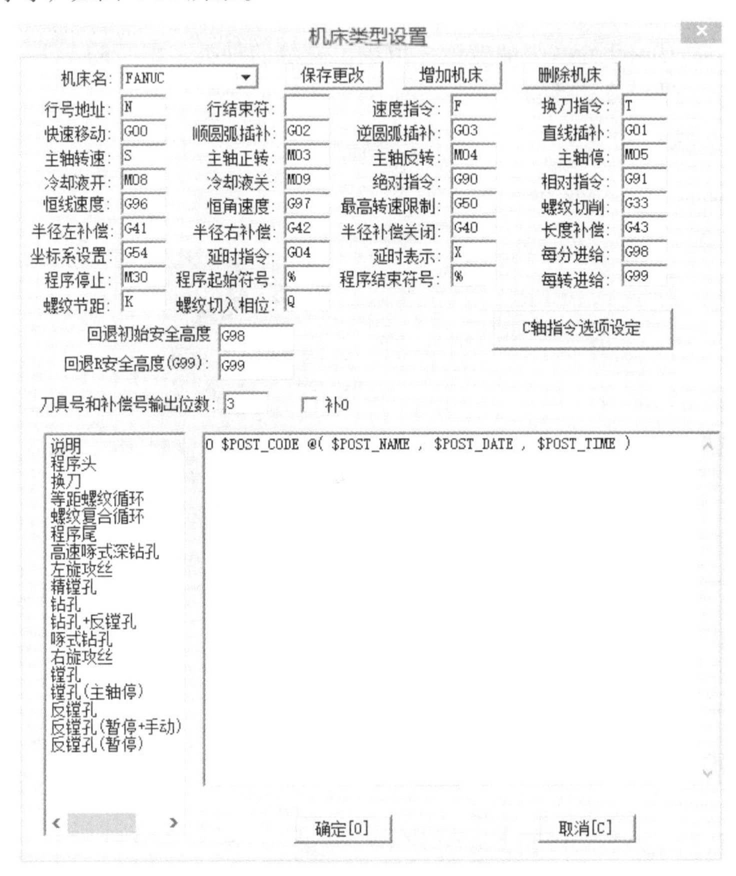

图 4-10 “机床类型设置”对话框

在“机床类型设置”对话框中可对机床的行号地址（N * * * *）、行结束符（；）、插补方式控制、主轴控制指令、冷却液开关控制、坐标设定、补偿、延时控制、程序停止（M02）等指令进行设置。

(二) 程序格式设置

程序格式设置就是对 G 代码各程序段格式进行设置。

用户可以对程序段进行格式设置：程序起始符号、程序结束符号、程序说明、程序头和程序层换刀段。

1. 设置方式

字符串或宏指令：@ 字符串或宏指令。其中宏指令为 $ 号宏指令串，系统提供的宏指令串如表 4-1 所示。

表 4-1　系统提供的宏指令串

当前后置文件名	POST_NAME	当前程序号	POST_CODR
当前日期	POST_DATE	当前时间	POST_TIME
当前 X 坐标值	COOD_Y	当前 Z 坐标值	COODRD_X
行号指令	LINE_NO_ADD	行结束符	BLOCK_END
直线插补	G01	圆弧插补	G02、G03
绝对指令	G90	相对指令	G91
冷却液开、关	COOL_ON；COOL_OFF	程序止	POR_STOP
左、右补偿	DCMP_LFT；DCMP_RGH	补偿关闭	DCMP_OFF
@号	换行标志	$号	输出空格

2. 程序说明

程序说明是对程序的名称以及与此程序对应的零件名称编号、编制程序的日期和时间等有关信息的记录。程序说明部分是为了管理的需要而设置的，有了此功能项，用户可以很方便地进行管理。比如要加工某个零件时，只需要从管理程序中找到对应的程序编号即可，而不需要从复杂的程序中去逐个寻找所需的程序。

例如：N100-50123 $POST - NAME、$SPOST_DATE 和$POST_TIME，在生成的后置程序中的程序说明部分输出如下： N100 -50123，010053，2005/7/17 14:10:31。

(三) 粗车参数设置

行切方式相当于 G71，等距方式相当于 G73，自动编程时常用行切方式，等距方式容易造成切削深度不同对刀具不利。快速退刀距离一般设置为 0.5，内轮廓可根据实际情况设置，避免撞刀。刀具号与刀具补偿号为“T0101”中的两个 1，表示 1 号刀、1 号刀补。刀尖半径根据刀具实际情况设置。刀具后角与加工参数设置中的干涉后角相同，其余参数基本不设置，使用默认值。

(四) 切槽参数设置

加工方向改为纵深，横向会造成刀具损坏；加工余量不可太大，一般设为 0.1，平移步距小于刀刃宽度，退刀距离太远会延长加工时间。

刀具宽度小于刀刃宽度，刀尖半径根据实际情况确定。球头刀刀具半径为刀刃宽度的一半，其余使用默认值。

(五) 轮廓拾取工具

由于在生成加工轨迹时经常需要拾取轮廓，轮廓拾取工具提供三种拾取方式：单个拾取、链拾取和限制链拾取。

“单个拾取”需用户挨个拾取需批量处理的各条曲线(适用于曲线条数不多且不适合于“链拾取” 的情形)。

“链拾取” 需用户指定起始曲线及链搜索方向，系统按起始曲线及搜索方向自动寻找所有首尾搭接的曲线（适用于需批量处理的曲线数目较大且无两条以上曲线搭接在一起的情形）。

“限制链拾取”需用户指定起始曲线、搜索方向和限制曲线，系统按起始曲线及搜索方向自动寻找首尾搭接的曲线至指定的限制曲线(适用于避开有两条以上曲线搭接在一起的情形，以正确地拾取所需要的曲线)。

二、机床后置处理

后置处理设置就是针对特定的机床，结合已经设置好的机床配置，对后置输出的数控程序的格式进行设置。本功能可以设置程序段行号、程序大小、数据格式、编程方式和圆弧控制方式等。CAXA 数控车安装后需要对一些参数进行调整（以 FANUC 系统为参考的设置），在“数控车”子菜单区中选取“后置设置”功能项，系统弹出“后置处理设置”对话框，如图 4-11 所示。

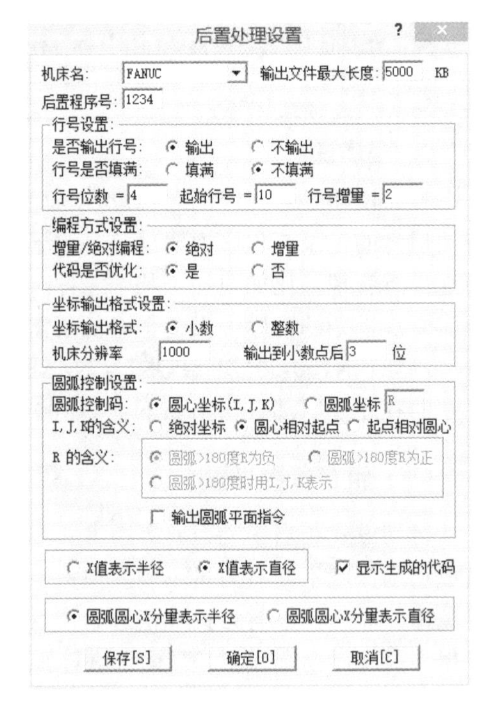

图 4-11　“后置处理设置”对话框

① 机床系统：首先，数控程序必须针对特定的数控机床，特定的配置才具有加工的实际意义，所以后置设置必须先调用机床配置。用鼠标拾取“机床名”一栏就可以很方便地从配置文件中调出机床的相关配置。

② 输出文件最大长度：输出文件长度可以对数控程序的大小进行控制，文件大小控制以 KB（字节）为单位。当输出的代码文件长度大于规定长度时系统自动分割文件。例如，当输出的 G 代码文件 post.IS0 超过规定的长度时，就会自动分割为 ps：0001.ISO、post0002.ISO、post0003.ISO 和 post0004.ISO 等。

③ 行号设置：程序段行号设置包括行号位数、是否输出行号、行号是否填满、起始行号以及行号增量等。

是否输出行号　选中“行号输出”，则在数控程序中的每一个程序段前面输出行号，反之亦然。

行号是否填满　是指行号少于规定的行号位数时是否用 0 填充。行号填满就是在少于规定的行号位数的前面补 0，如 N0028；反之亦然，如 28。

行号增量　就是程序段行号之间的间隔，如 N0020 与 N0025 之间的间隔为 5，建议用户选取比较适中的递增数值，这样有利于程序的管理。

④ 编程方式设置：有绝对编程 G90 和相对编程 G91 两种方式。

⑤ 坐标输出格式设置：决定数控程序中数值的格式是小数输出还是整数输出。机床分辨率就是机床的加工精度，如果机床精度为 0.001 mm,则分辨率设置为 1 000，以此类推；输出小数位数可以控制加工精度，但不能超过机床精度，否则是没有实际意义的。

⑥ 圆弧控制设置：主要设置控制圆弧的编程方式，即采用圆心编程方式还是采用半径编

程方式。当采用圆心编程方式时，圆心坐标（I，J，K）有以下三种含义：

a. 绝对坐标。采用绝对编程方式，则圆心坐标（I，J，K）的坐标值为相对于工件零点绝对坐标系的绝对值。

b. 圆心相对起点。圆心坐标以圆弧起点为参考点取值。

c. 起点相对圆心。圆弧起点坐标以圆心坐标为参考点取值。

按圆心坐标编程时，圆心坐标的各种含义是针对不同的数控机床而言的。不同机床之间，其圆心坐标编程的含义就不同，但对于特定的机床其含义只有其中的一种。当采用半径编程时，采用半径正负区别的方法来控制圆弧是劣圆弧还是优圆弧。

⑦ 圆弧半径 R 的含义：

劣圆弧　　圆弧小于 180°，R 为正值。

优圆弧　　圆弧大于 180°，R 为负值。

⑧ X 值的含义：

X 值表示半径　　软件系统采用半径进行编程。

X 值表示直径　　软件系统采用直径进行编程。

⑨ 显示生成的代码：选中时系统调用 Windows 记事本显示生成的代码，如代码太长，则提示用写字板打开。

代码生成就是按照当前机床类型的配置要求，把已经生成的加工轨迹转化成 G 代码数据文件，即 CNC 数控程序。有了数控程序，就可以直接输入机床进行数控加工。

查看代码功能是查看、编辑生成代码的内容。

代码反读就是把生成的 G 代码文件反读出来，生成刀具轨迹，以检查生成的 G 代码的正确性。如果反读的刀位文件中包含圆弧插补，则需要用户指定相应的圆弧插补格式，否则可能得到错误的结果。若后置文件中的坐标输出格式为整数，且机床分辨率不为 1 时，反读的结果是不对的，亦即系统不能读取坐标格式为整数且分辨率为非 1 的情况。

⑩ 后置文件扩展名和后置程序号：后置文件扩展名是控制所生成的数控程序文件名的扩展名。有些机床对数控程序要求有扩展名，有些机床没有这个要求，应视不同的机床而定。后置程序号是记录后置设置的程序号，不同的机床其后置设置不同，所以采用程序号来记录这些设置，以便于用户日后使用。

三、机床设置与后置处理实例

下面以编写图 4-12 所示的轧辊零件轮廓精加工程序为例，说明 FANUC 系统的机床设置与后置设置处理方法。该零件的工件坐标系原点设在图中的 A 点，换刀点在 X100、Z200 处，采用左、右手轮廓车刀各 1 把。

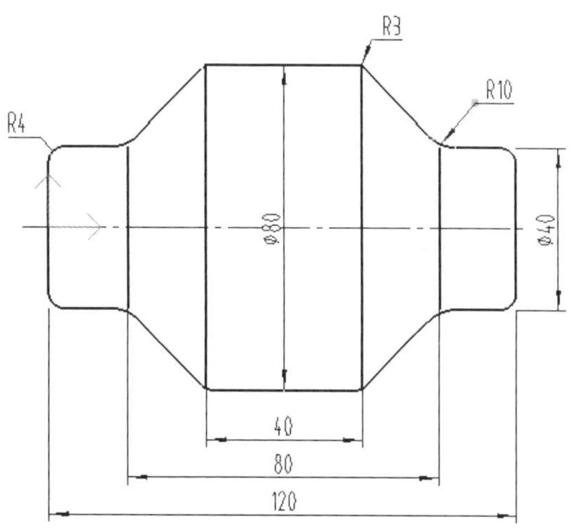

图 4-12　轧辊零件轮廓

在“加工”菜单中选择“后置设置”功能项，系统弹出“后置处理设置”对话框，用户可以按照自己的需要更改已有的机床后置设置：

FANUC 数控车系统的机床设置和后置处理主要内容如下。

① 程序的类型：NC。

② 程序名：O2001。

③ 一些常用指令：

工件坐标系设定　　G54

直线/旋转进给率　　G94/G95

恒线速度　　G96

恒转速　　G97

恒螺纹加工　　G32

④ 说明：

$ POST-NAME，$ $ POST_ DATA，$ $ POST ! TIME ）@ $ POST NAME

⑤ 程序头：

$ WCOORD@ $ SPN F $ SPN_ SPEED $ $ SPN CWT TOOL NO $ COMP NO$ $ COOL ON

⑥ 换刀：

$SPN_OFF $ $ COOL OFF@ $ T $TOOL NO $COMP_NO@$ SPN_ F $ SPN_SPEED $ $ SPN_ CW@ $ COOL ON

⑦ 程序尾：

$ COOL-OFF@ $ SPN_OFF@ $ PRO_ _STOP

生成的代码及其修改内容如下：

修改前	修改后	说明
（ O2001.NC.09/09/24 ， 10:	(O2001 NC.09/09/24，10:35:	程序说明
23:34）	25)	文件名
O2001.NC	O2001.NC	
N10 G50 X100.000 Z200.000	N10 G54	程序头
N20 S650 M03 T0101 M08	N20 S650 M03 T0101 M08	删除 N30
N30 G00 X100.000 Z200.000	N40 G00 Z92.894	
N40 G0O Z92.894	…	
…	N145 T0100	修改：在回换刀点前取消刀
N140 G01 X3.114	N150 G00 X100.000	补，快速回回换刀点
N150 G00 X100.000	N160 G0O Z200.000	
N160 G00 Z200.000	N170 M05 M09	
N170 M05 M09	N180 T0202	换刀,改另一把刀的零点偏置
N180 T0202	N190 S315 M03	
N190 S315 M03	N200 M08	
N200 M08	N210 G00 Z-1.389	
N210 G00 Z-1.389	…	
…	N315 T0200	修改：在回换刀点前取消刀
N310 G01 X35.114	N320 G00 X100.000	补，快速回回换刀点
N320 G00 X100.000	N330 G00 Z200.000	
N330 G00 Z200.000	N340 M09	
N340 M09	N350 M05	程序尾
N350 M05	N360 M30	
N360 M30		

第四节　CAXA数控车的加工功能

CAXA数控车提供了多种数控车加工功能，如轮廓粗车、轮廓精车、切槽加工、螺纹加工、钻孔加工和机床设置等。“数控车工具”栏如图4-13所示。

图4-13　“数控车工具”栏

一、轮廓粗车

轮廓粗车功能用于实现对工件外轮廓表面、内轮廓表面和端面的粗车加工，用来快速清除毛坯的多余部分。

做轮廓粗车时要确定被加工轮廓和毛坯轮廓。被加工轮廓就是加工结束后的工件表面轮廓，毛坯轮廓就是毛坯的表面轮廓。被加工轮廓和毛坯轮廓两端点相连，两轮廓共同构成一个封闭的加工区域，在此区域的材料将被加工去除。被加工轮廓和毛坯轮廓不能单独闭合或自相交。

二、轮廓精车

轮廓精车功能实现对工件外轮廓表面、内轮廓表面和端面的精车加工。做轮廓精车时要确定被加工轮廓就是加工结束后的工件表面轮廓，被加工轮廓不能闭合或自相交。

三、切槽加工

切槽功能用于在工件外轮廓表面、内轮廓表面和端面切槽。切槽时要确定被加工轮廓。被加工轮廓就是加工结束后的工件表面轮廓，被加工轮廓不能闭合或自相交。

四、螺纹加工

螺纹加工分为螺纹固定循环和车螺纹。

螺纹固定循环采用固定循环方式加工螺纹，输出的代码适用于西门子840C/840控制器。

车螺纹为非固定循环方式加工螺纹，可对螺纹加工的各种工艺条件、加工方式进行更为灵活的控制。

(一)“车螺纹”操作步骤

在“数控车”子菜单区中选取“车螺纹”功能项，依次拾取螺纹起点和终点。拾取完毕，弹出“螺纹参数表”，如图4-14所示。前面拾取点的坐标也将显示在参数表中。用户可在该参数表对话框中确定各加工参数。参数填写完毕，选择“确认”按钮，即生成螺纹车削刀具轨迹。

在“数控车”菜单区中选取“生成代码”功能拾取刚生成的刀具轨迹，即可生成螺纹加工指令。

(二)“螺纹固定循环”操作步骤

在“数控车”子菜单区中选取“螺纹固定循环”功能项，依次拾取螺纹起点、终点。拾取完毕，弹出“螺纹固定循环加工参数表”对话框，如图4-15所示。前面拾取点的坐标也将显示在参数表中。用户可在该参数表对话框中确定各加工参数。

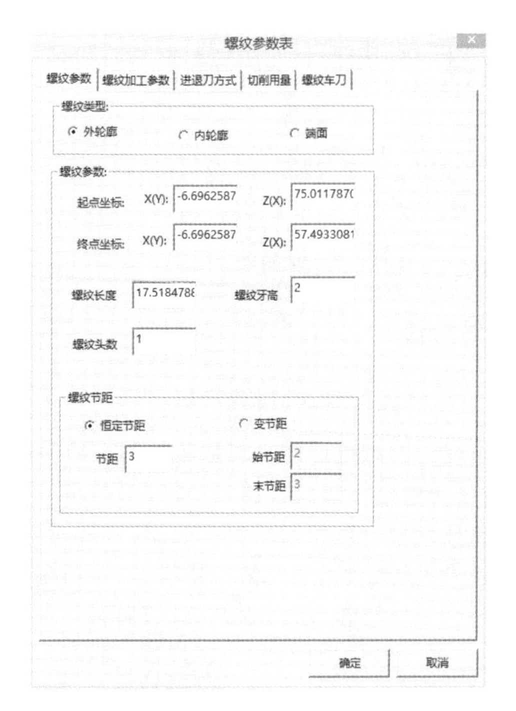

图 4-14 “螺纹参数表”对话框

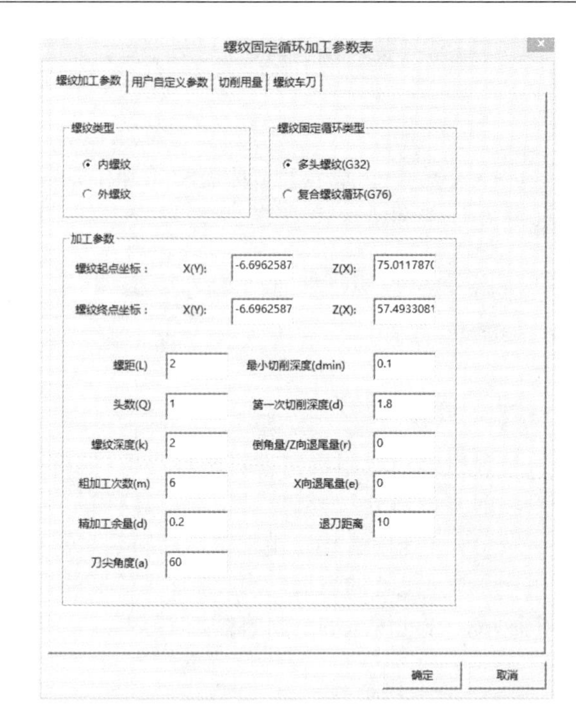

图 4-15 “螺纹固定循环加工参数表”对话框

参数填写完毕，选择“确认”按钮，即生成螺纹车削刀具轨迹。

在“数控车”子菜单区中选取“生成代码”功能项，拾取刚生成的刀具轨迹，即可生成螺纹加工指令。

五、中心孔加工

该功能用于在工件的旋转中心钻中心孔。该功能提供了多种钻孔方式，包括高速啄式深孔钻、左攻丝、精镗孔、钻孔、镗孔、反镗孔等。

因为车加工中的钻孔位置只能是工件的旋转中心，所以最终所有的加工轨迹都在工件的旋转轴上，也就是系统的 X 轴（机床的 Z 轴）上。

钻中心孔的操作步骤是：在“数控车”子菜单区中选取“钻中心孔”功能项，弹出“加工参数表”对话框。用户可在该对话框中确定各加工参数。各加工参数确定后，拾取钻孔的起始点，因为轨迹只能在系统的 X 轴上（机床的 Z 轴上），所以把输入的点向系统的 X 轴投影，得到的投影点作为钻孔的起始点，然后生成钻孔加工轨迹。拾取完钻孔点之后即生成加工轨迹。

六、轨迹参数修改

对生成的加工轨迹不满意时，可以用参数修改功能对加工轨迹的各种参数进行修改，以生成新的加工轨迹。

轨迹参数修改的操作步骤是：在“数控车”子菜单区中选取“参数修改”菜单项，则提示用户拾取要进行参数修改的加工轨迹。拾取轨迹后将弹出该轨迹的参数表供用户修改。参数修改完毕选取“确定”按钮，即依据新的参数重新生成该轨迹。

七、轨迹仿真

(一) 轨迹仿真功能

对已有的加工轨迹进行加工过程模拟，以检查加工轨迹的正确性。对系统生成的加工轨迹，仿真时采用生成轨迹时的加工参数，即轨迹中记录的参数。

(二) 轨迹仿真方式

① 动态仿真：动态仿真时模拟动态切削过程，不保留刀具在每一个切削位置的图像。
② 静态仿真：静态仿真过程中保留刀具在每一个切削位置的图像，直至仿真结束。

(三) 注意事项

① 对系统生成的加工轨迹，仿真时采用生成加工轨迹时的加工参数，即轨迹中记录的参数；对从外部反读进来的刀位轨迹，仿真时采用系统当前的加工参数。

② 轨迹仿真分为动态仿真和静态仿真。仿真时可指定仿真的步长，用来控制仿真的速度。当步长设为0时，步长值在仿真中无效：当步长大于0时，仿真中每一个切削位置之间的间隔距离即为所设的步长。

思考与练习

一、填空题

1. 编程方式设置有________编程G90和________编程G91两种方式。

2. 后置参数设置包括________、________、________、________和________。

3. 根据加工条件，选择合适的加工参数生成加工轨迹，包括________、________、________三种轨迹。

4. 刀具轨迹由一系列有序的刀位点和连接这些刀位点的________或________组成。

5. 刀具库管理包括对________、________、________和________四种刀具类型的管理。

6. 轮廓拾取工具提供________方式、________方式和________方式。

7. 指定一点为刀具加工前和加工后所在的位置，该点为进退刀点。若单击鼠标________，可忽略该点的输入。

8. 机床参数设置包括________、________、________、________、________以及程序加工首尾控制符等。

二、简答题

1. CAXA数控车系统中的轮廓粗车对被加工轮廓与毛坯轮廓有哪些要求？
2. 机床设置与后置处理的作用是什么？
3. 程序说明的意义是什么？
4. 数控加工包括哪些内容？

第五章 简单轴类零件加工实例

项目一 锥体零件加工

一、任务布置

利用 CAXA 数控车软件，完成图 5-1 所示零件的自动编程，毛坯为 $\phi 42\times 80$ 的 45 钢棒料，并生成 G 代码。

二、任务分析

该零件为锥体零件，经过分析，应先进行零件建模，然后进行刀具轨迹生成、仿真验证和 G 代码生成。本次任务要依次用到轮廓粗车、轮廓精车。轮廓粗车需要确定被加工轮廓和毛坯轮廓，被加工轮廓就是加工结束后的工件表面轮廓，毛坯轮廓就是加工前毛坯的表面轮廓。被加工轮廓和毛坯轮廓两端点首尾分别相连，形成一个封闭的加工区域，被加工轮廓和毛坯轮廓不能单独闭合或自己相交。为了使 G 代码能够直接在实际机床上直接使用，零件建模后需要先建立工件坐标系，设立进退刀点。

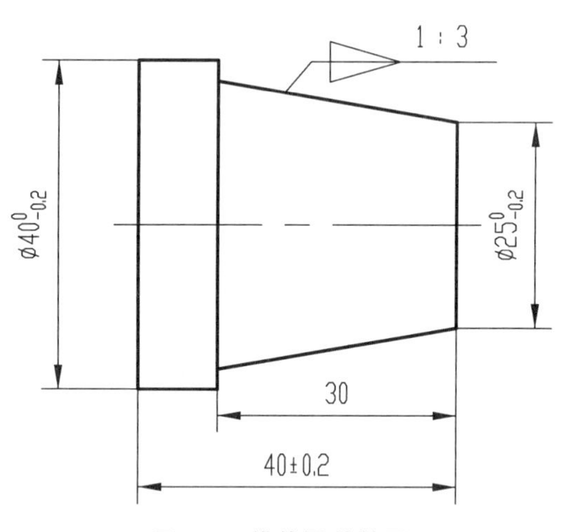

图 5-1 锥体零件简图

三、任务实施

(一) 零件建模

点击指令“孔/轴”键，选择“轴-直接给出角度”方式，中心线角度为 0°，在绘图区任意选择一点，根据提示在“起始直径”和“终止直径”两个框中填入直径值 40，然后输入长度 10，画出第一段 $\phi 40$ 轴；然后根据锥度计算出锥体左端直径为 $\phi 35$；根据提示在“起始直径”和“终止直径”两个框中分别填入直径值 35 和 25，得到图 5-1 所示零件图形。

(二) 工艺处理

1. 建立工件坐标系

为了使 G 代码能够直接在实际机床上使用，需要建立工件坐标系。用鼠标左键将零件图形全部框选，然后点击鼠标右键，选择“平移”指令，根据左下角命令提示栏提示，选择“给定两点-保持原态-非正交”方式，“旋转角度”为 0°，“比例”为 1；根据提示“第一点”选择锥体右端面中心，“第二点”选择坐标原点，得到结果如图 5-2 所示。

2. 设定进退刀点

点击主菜单中的“格式”，在下拉菜单中点击“点样式”，任意选择一种样式；点击绘图指令“点”，输入坐标（50，50），得到图形如图 5-3 所示，该点为程序进退刀点。

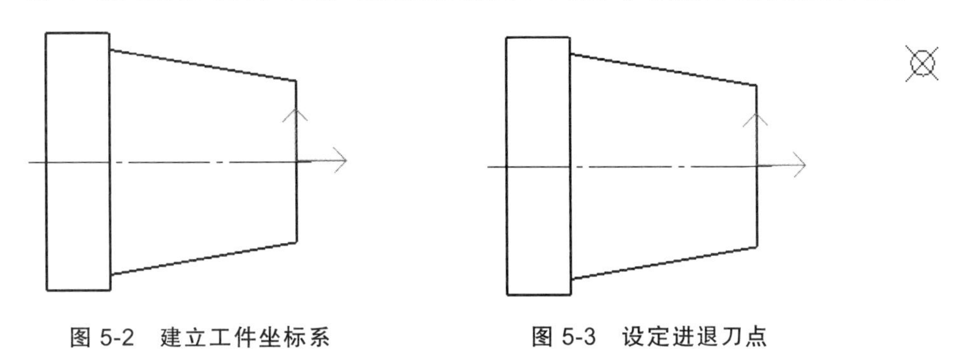

图 5-2　建立工件坐标系　　图 5-3　设定进退刀点

3. 图形处理

画出零件毛坯和最后切槽的轨迹并将多余的线进行处理。将多余的零件轮廓线删除，只留零件表面轮廓。选择“直线”命令，选择“两点线_连续_正交”方式，依次向右作直线长度为 0.5（端面加工余量），向上作直线长度为 21（毛坯半径），向左作直线长度为 40.5（零件总长度+端面加工余量），向下与零件 ϕ40 左上端点相连；重复“直线”命令，在 ϕ40 阶梯轴左端面中心向右作直线长度为 3（切刀宽度）。

为了区分不同的工艺工步，用不同颜色的线将图形再次进行处理，得到结果如图 5-4 所示。绿色：代表毛坯轮廓。粉色：代表粗、精加工轮廓。

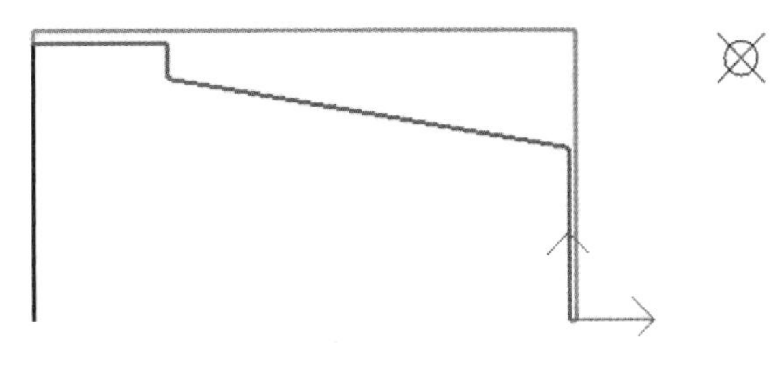

图 5-4　图形处理结果

(三) 制定加工工艺

① 首先使用粗车刀进行粗车加工。

② 然后使用精车刀进行精车加工。

(四) 轨迹生成

1. 轮廓粗车

① 粗车刀具参数设置；

② 粗车切削用量设置；

③ 粗车进退刀方式设置；

④ 粗车加工参数表设置。

单击 CAXA 数控车软件的“数控车”菜单，并选择“轮廓粗车”，如图 5-5 所示，系统弹出“粗车参数表”对话框，如图 5-6 所示，然后按要求分别填写“加工参数”，其中“行切方式”相当于 G71，“等距方式”相当于 G73。等距方式容易造成切削深度不等，对刀具有损伤，故加工方式应选择行切方式。“进退刀方式”在外轮廓加工中一般设置为默认值，内轮廓加工时可根据实际情况设置，避免撞刀。“切削用量”和“轮廓车刀”参数设置如图 5-7、图 5-8 所示。注意：轮廓车刀刀具号和刀补号必须保持一致。

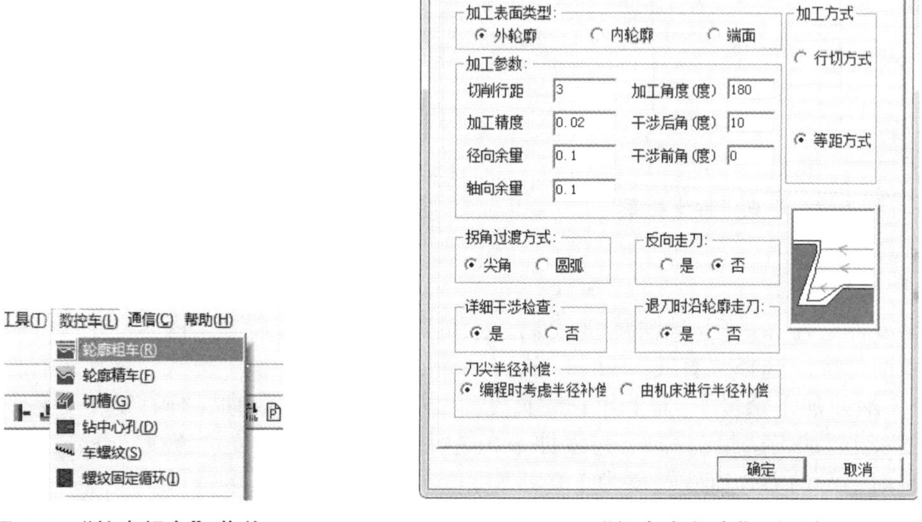

图 5-5 “轮廓粗车”菜单　　　　图 5-6 “粗车参数表”对话框

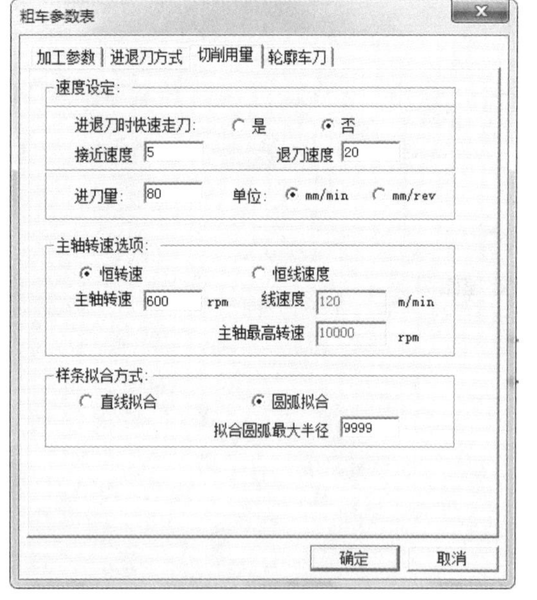

图 5-7 “切削用量”参数设置

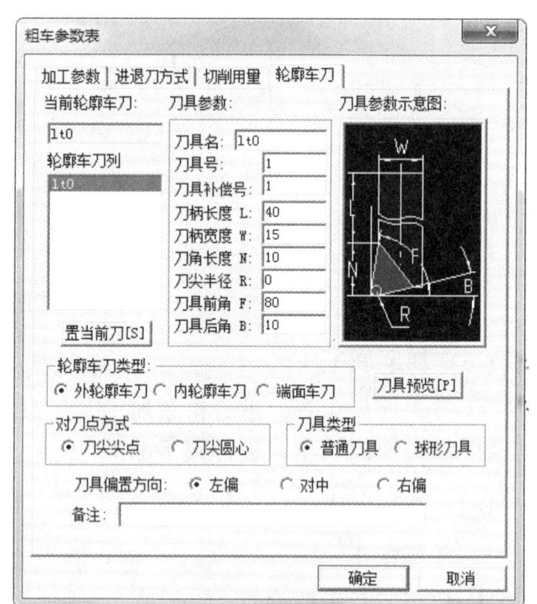

图 5-8 “轮廓车刀”参数设置

参数设置好后系统提示拾取被加工轮廓，此处有三种拾取方式，“链拾取”方式容易将被加工轮廓和毛坯轮廓混在一起，故一般采用“单个拾取”（见图 5-9）或者“限制链拾取”，将被加工轮廓和毛坯轮廓区分开来。拾取第一条轮廓线后选取方向，依次拾取加工轮廓，回

车后再依次拾取毛坯轮廓，两个轮廓首末端分别相连，形成一个封闭的加工区域。将进退刀点确定在预先设置好的点上，得到粗加工刀具轨迹如图 5-10 所示。

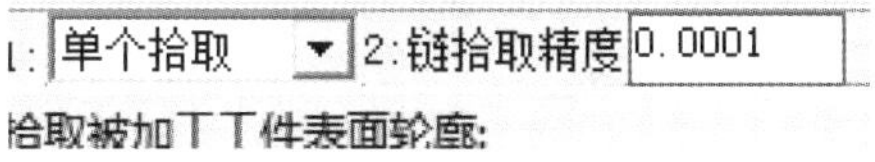

1:单个拾取 2:链拾取精度 0.0001
拾取被加工工件表面轮廓:

图 5-9　拾取方式

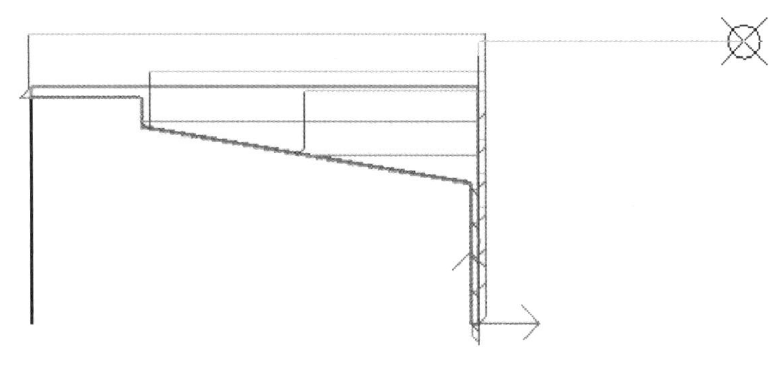

图 5-10　粗加工刀具轨迹

2. 轮廓精车

① 精车刀具参数设置；
② 精车切削用量设置；
③ 精车进退刀方式设置；
④ 精车加工参数表设置。

单击 CAXA 数控车软件的“数控车”菜单，并选择“轮廓精车”，系统弹出“精车参数表”对话框，如图 5-11 所示，然后按要求分别填写“加工参数”。设置方法与轮廓粗车类似，拾取被加工轮廓，得到精加工刀具轨迹如图 5-12 所示。

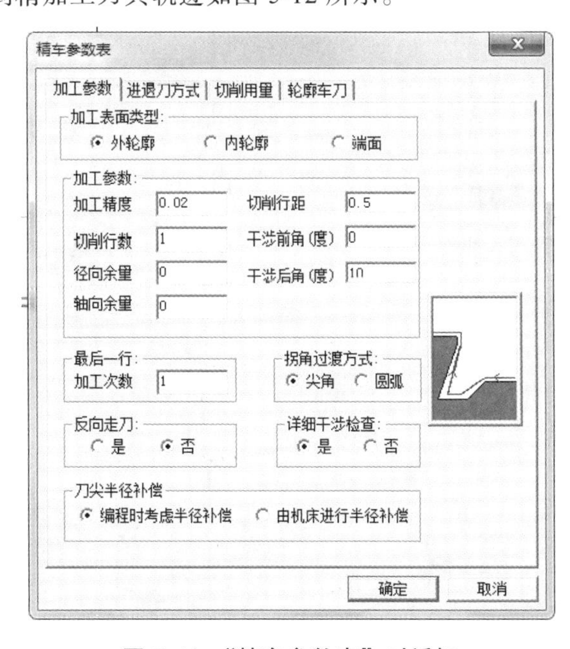

图 5-11　“精车参数表”对话框

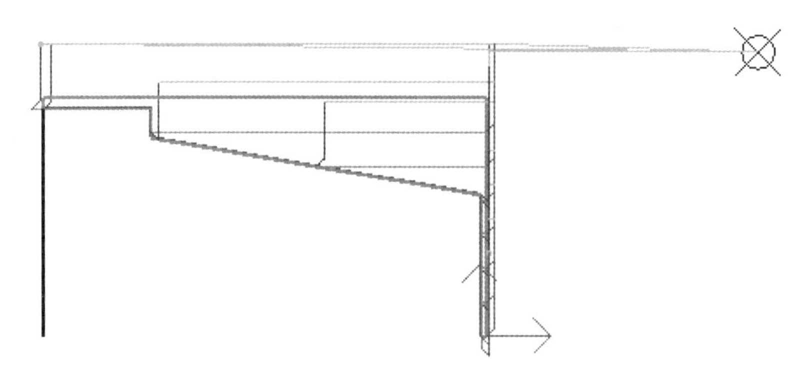

图 5-12　精加工刀具轨迹（1）

得到的精加工刀具轨迹与粗加工刀具轨迹有部分重合，不容易看清楚，我们可以通过轨迹管理（见图 5-13）进行查看，如图 5-14 所示，可以将粗加工刀具轨迹隐藏，只查看精加工刀具轨迹，如图 5-15 所示。

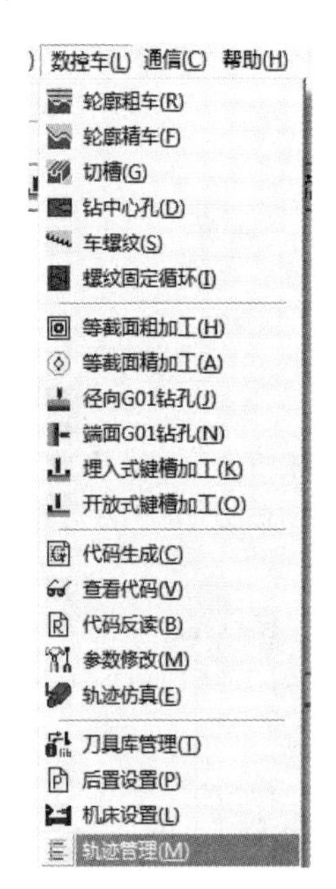

图 5-13　“轨迹管理”指令

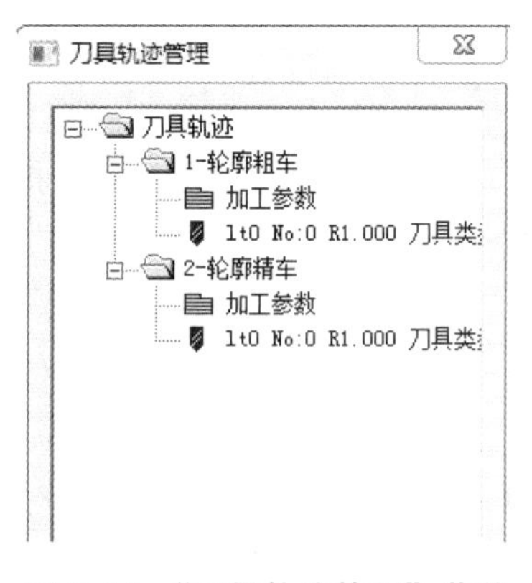

图 5-14　“刀具轨迹管理”菜单

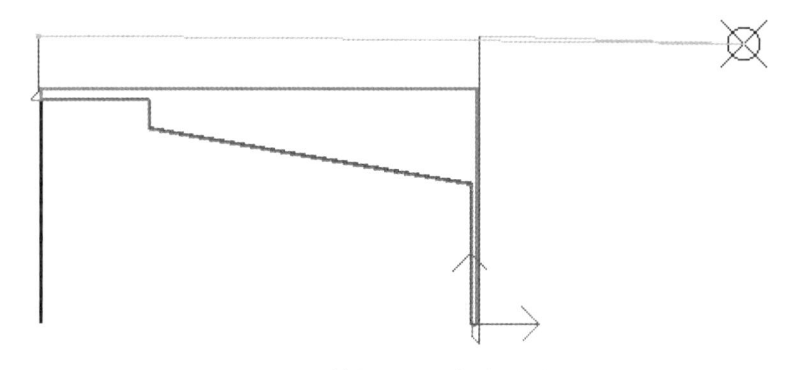

图 5-15　精加工刀具轨迹（2）

(五) 轨迹仿真

将得到的刀具轨迹进行仿真验证。单击 CAXA 数控车软件的“数控车”菜单，并选择“轨迹仿真”，选择“二维实体”模式，进入仿真界面，如图 5-16 所示，得到仿真结果如图 5-17 所示。

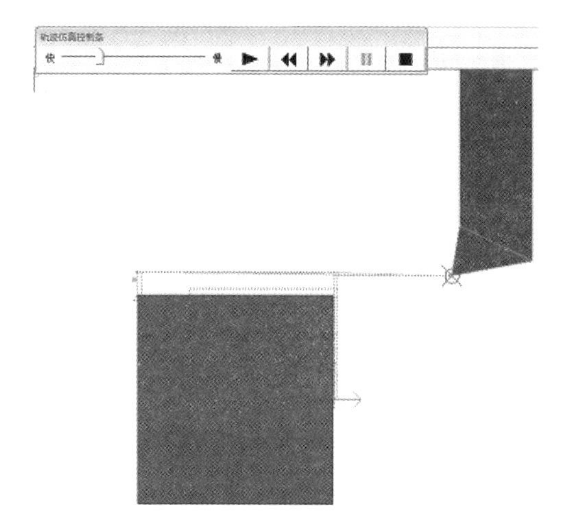

图 5-16　仿真界面

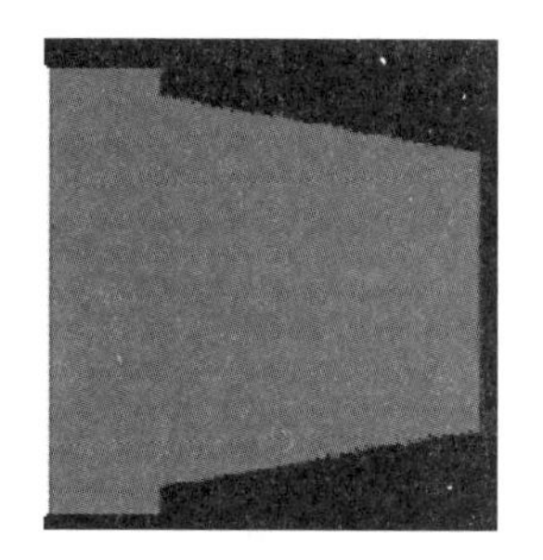

图 5-17　仿真结果

(六) 后置处理

单击 CAXA 数控车软件的“数控车”菜单，依次选择“后置处理设置”和“机床类型设置”，根据实际加工环境进行设置，如图 5-18、图 5-19 所示。

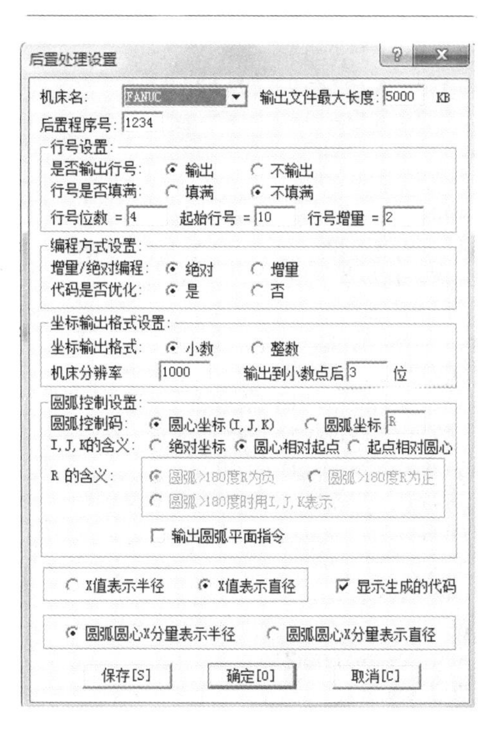

图 5-18　“后置处理设置”对话框

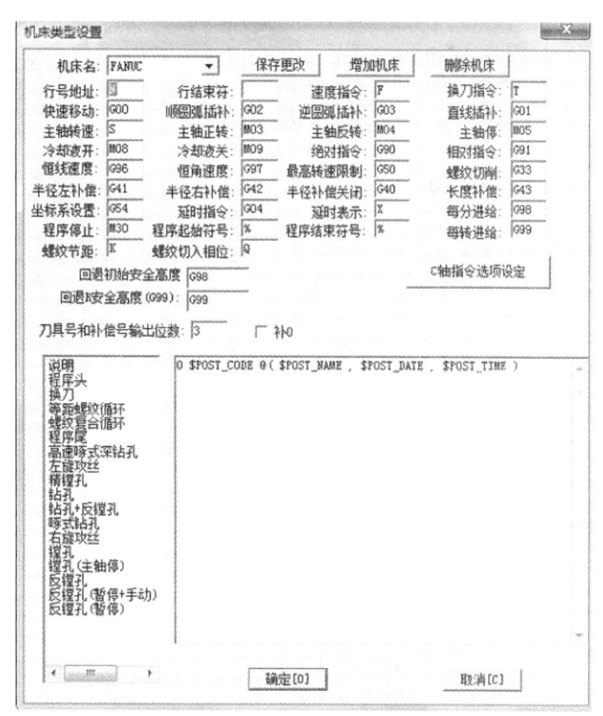

图 5-19　“机床类型设置”对话框

(七) G 代码生成

单击 CAXA 数控车软件的“数控车”菜单，单击选择“代码生成”，选中“保存地址”和“对应数控系统”后按照工序依次选择粗加工、精加工、切槽刀具轨迹，得到该零件的加工代码。

该零件的 G 代码如下：

```
%
O1234
N10 G50 S10000
N12 G00 G97 S600 T11
N14 M03
N16 M08
N18 G00 X50.000 Z50.000
N20 G00 Z1.207
N38 G00 Z1.207
N40 G01 X31.414 F5.000
N42 G01 X30.000 Z0.500
N44 G01 Z-15.000 F80.000
N46 G01 X35.000 Z-30.000
N48 G01 X36.000
N50 G01 X34.586 Z-29.293 F20.000
N52 G01 X44.586
N54 G00 Z1.207
N56 G01 X25.414 F5.000
N58 G01 X24.000 Z0.500
N60 G01 Z0.000 F80.000
N62 G01 X25.000
N64 G01 X30.000 Z-15.000
N66 G01 X31.162 Z-14.186 F20.000
N68 G01 X41.162
N70 G00 Z1.207
N72 G01 X19.414 F5.000
N74 G01 X18.000 Z0.500
N76 G01 Z0.000 F80.000
N78 G01 X24.000
N80 G01 X22.586 Z0.707 F20.000
N82 G01 X32.586
N84 G00 Z1.207
N86 G01 X13.414 F5.000
N88 G01 X12.000 Z0.500
N90 G01 Z0.000 F80.000
N92 G01 X18.000
N94 G01 X16.586 Z0.707 F20.000
N96 G01 X26.586
N98 G00 Z1.207
N100 G01 X7.414 F5.000
N102 G01 X6.000 Z0.500
N104 G01 Z0.000 F80.000
N22 G00 X47.414
N24 G98 G01 X37.414 F5.000
N26 G01 X36.000 Z0.500
N28 G01 Z-30.000 F80.000
N30 G01 X40.000
N32 G01 Z-40.000
N34 G01 X41.414 Z-39.293 F20.000
N36 G01 X51.414
N106 G01 X12.000
N108 G01 X10.586 Z0.707 F20.000
N110 G01 X20.586
N112 G00 Z1.207
N114 G01 X1.414 F5.000
N116 G01 X0.000 Z0.500
N118 G01 Z-0.000 F80.000
N120 G01 X6.000
N122 G01 X4.586 Z0.707 F20.000
N124 G01 X14.586
N126 G01 X-1.414 F5.000
N128 G01 X0.000 Z0.000
N130 G01 X25.000 F80.000
N132 G01 X23.586 Z0.707 F20.000
N134 G01 X47.414
N136 G00 X50.000
N138 G00 Z50.000
N140 M01
N142 G50 S10000
N144 G00 G97 S800 T22
N146 M03
N148 M08
N150 G00 X51.414 Z0.707
N152 G98 G01 X-3.414 F5.000
N154 G01 X-2.000 Z0.000
N156 G01 X24.694 F100.000
N158 G01 X34.694 Z-30.000
N160 G01 X40.000
N162 G01 Z-41.000
N164 G01 X41.414 Z-40.293 F20.000
N166 G01 X51.414
N168 G00 X50.000 Z50.000
N170 M09
N172 M30
%
```

项目二　阶梯轴零件加工

一、任务布置

利用 CAXA 数控车软件，完成图 5-20 所示零件的自动编程，毛坯为 $\phi30\times100$ 的 45 钢棒料，并生成 G 代码。

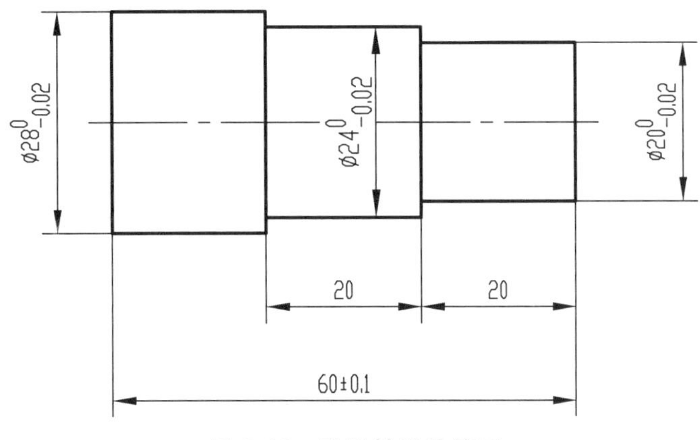

图 5-20　阶梯轴零件简图

二、任务分析

该零件为阶梯轴零件，经过分析，应先进行零件建模，然后进行刀具轨迹生成、仿真验证和 G 代码生成。本次任务要依次用到轮廓粗车、轮廓精车、切槽指令。轮廓粗车需要确定被加工轮廓和毛坯轮廓，被加工轮廓就是加工结束后的工件表面轮廓，毛坯轮廓就是加工前毛坯的表面轮廓。被加工轮廓和毛坯轮廓两端点首尾分别相连，形成一个封闭的加工区域，被加工轮廓和毛坯轮廓不能单独闭合或自己相交。为了使 G 代码能够直接在实际机床上使用，零件建模后需要先建立工件坐标系，设立进退刀点。

三、任务实施

(一) 零件建模

点击指令“孔/轴”键，选择“轴-直接给出角度”方式，中心线角度为 0°，在绘图区任意选择一点，根据提示在“起始直径”和“终止直径”两个框中填入直径值 28，然后输入 $\phi28$ 段的长度 20，画出第一段阶梯轴；然后用相同的方法画出 $\phi24$ 和 $\phi20$ 两端阶梯轴，得到图 5-20 所示零件图形。

(二) 工艺处理

1. 建立工件坐标系

为了使 G 代码能够直接在实际机床上使用，需要建立工件坐标系。用鼠标左键将零件图形全部框选，然后点击鼠标右键，选择“平移”指令，根据左下角命令提示栏提示，选择“给定两点-保持原态-非正交”方式，“旋转角度”为 0°，“比例”为 1；根据提示“第一点”选择 $\phi20$ 轴右端面中心，“第二点”选择坐标原点，得到结果如图 5-21 所示。

2. 设定进退刀点

点击主菜单里“格式”，在下拉菜单中点击“点样式”，任意选择一种样式；点击绘图指令“点”，输入坐标（50，50），得到图形如图 5-22 所示，该点为程序进退刀点。

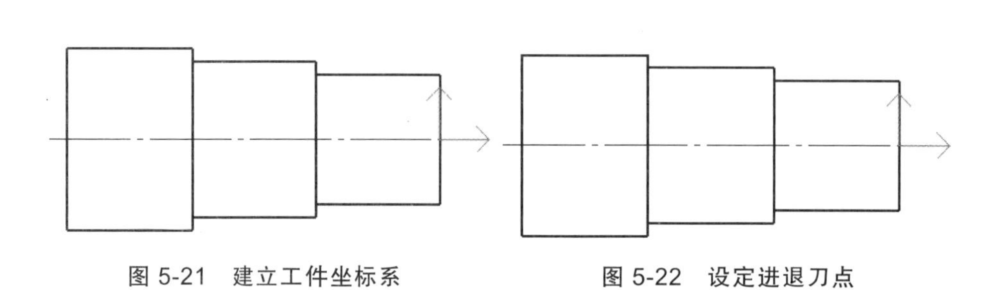

图 5-21　建立工件坐标系　　　　图 5-22　设定进退刀点

3. 图形处理

画出零件毛坯和最后切槽的轨迹并将多余的线条进行处理。将多余的零件轮廓线删除，只留零件表面轮廓。选择“直线”命令，选择“两点线-连续-正交”方式，依次向右作直线长度为 0.5（端面加工余量），向上作直线长度为 15（毛坯半径），向左作直线长度为 60.5（零件总长度+端面加工余量），向下与零件 $\phi28$ 左上端点相连；重复“直线”命令，在 $\phi28$ 阶梯轴左端面中心向右作直线长度为 3（切刀宽度）。

为了区分不同的工艺工步，用不同颜色的线将图形再次进行处理，得到结果如图 5-23 所示。绿色：代表毛坯轮廓。粉色：代表粗、精加工轮廓。蓝色：代表切槽轮廓。

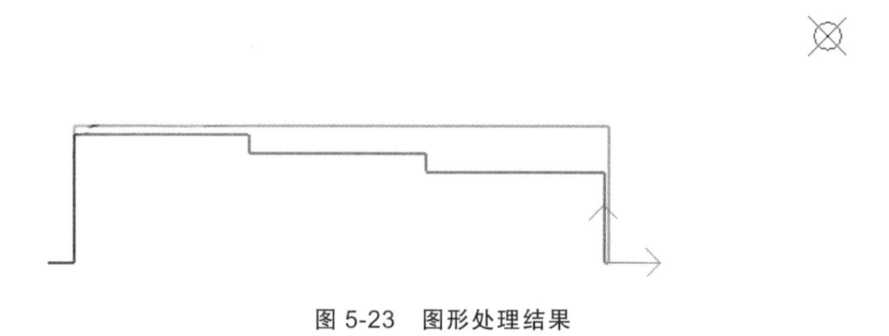

图 5-23　图形处理结果

(三) 制定加工工艺

① 首先使用粗车刀进行粗车加工。

② 其次使用精车刀进行精车加工。

③ 最后使用 3 mm 的切刀进行切断加工。

(四) 轨迹生成

1. 轮廓粗车

① 粗车刀具参数设置；

② 粗车切削用量设置；

③ 粗车进退刀方式设置；

④ 粗车加工参数表设置。

单击 CAXA 数控车软件的“数控车”菜单，并选择“轮廓粗车”，如图 5-24 所示，系统弹出“粗车参数表”对话框，如图 5-25 所示，然后按要求分别填写“加工参数”，“加工方式”选择“行切方式”。“进退刀方式”在外轮廓加工中一般设置为默认值，内轮廓加工时可根据实际情况设置，避免撞刀。“切削用量”和“轮廓车刀”参数设置如图 5-26、图 5-27 所示。注意：轮廓车刀刀具号和刀补号必须保持一致。

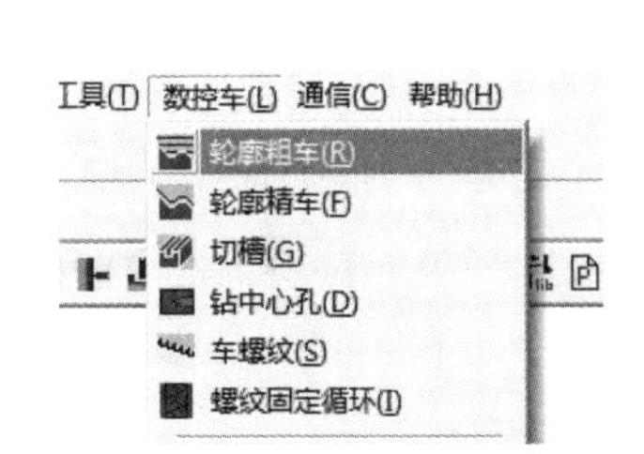

图 5-24 “轮廓粗车”菜单

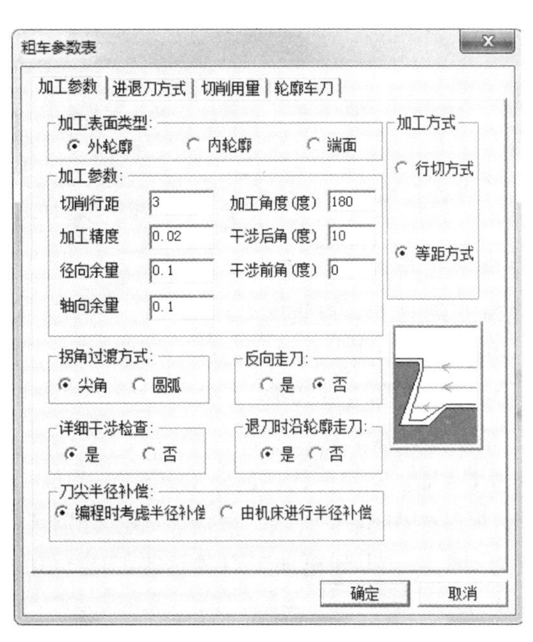

图 5-25 “粗车参数表”对话框

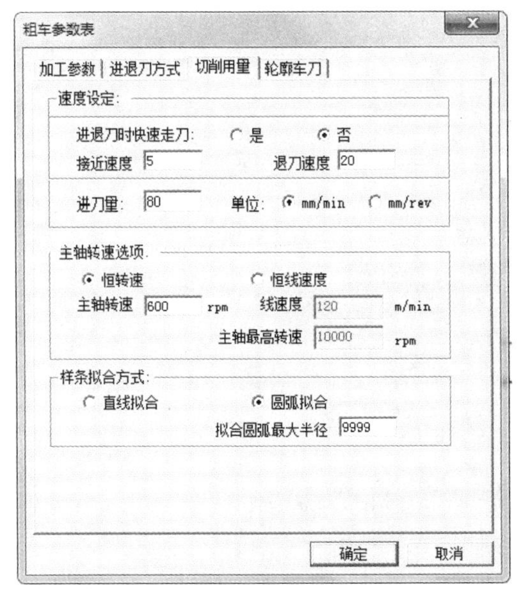

图 5-26 “切削用量”参数设置

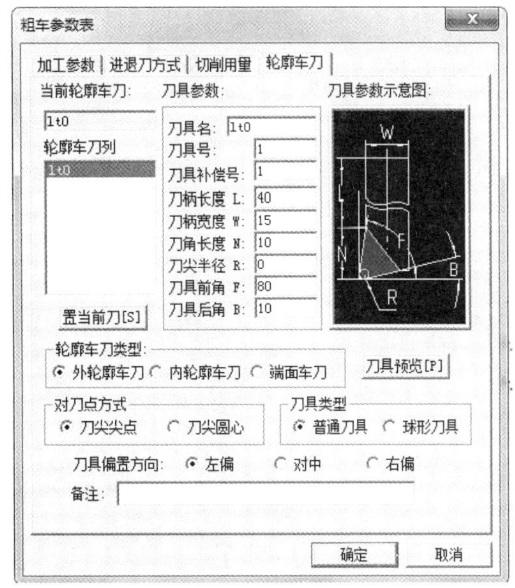

图 5-27 “轮廓车刀”参数设置

参数设置好后系统提示拾取被加工轮廓，一般采用“单个拾取”或者“限制链拾取”，将被加工轮廓和毛坯轮廓区分开来。拾取第一条轮廓线后选取方向，依次拾取加工轮廓，回车后再依次拾取毛坯轮廓，两个轮廓首末端分别相连，形成一个封闭的加工区域。将进退刀点确定在预先设置好的点上，得到粗加工刀具轨迹如图 5-28 所示。

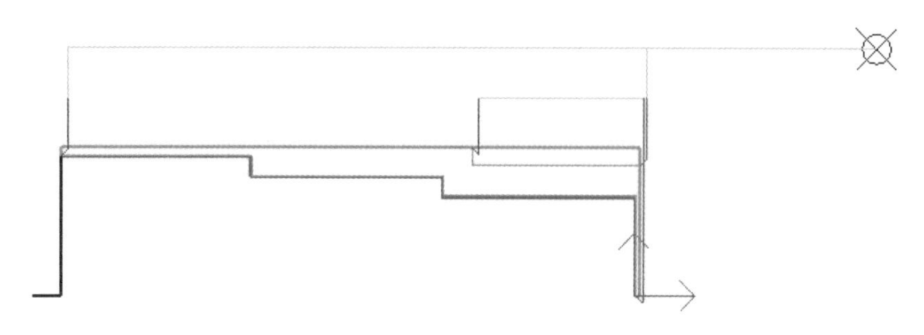

图 5-28　粗加工刀具轨迹

2. 轮廓精车

① 精车刀具参数设置；

② 精车切削用量设置；

③ 精车进退刀方式设置；

④ 精车加工参数表设置。

单击 CAXA 数控车软件的“数控车”菜单，并选择“轮廓精车”，系统弹出“精车参数表”对话框，如图 5-29 所示，然后按要求分别填写“加工参数”。设置方法与轮廓粗车类似，拾取被加工轮廓，得到精加工刀具轨迹如图 5-30 所示。

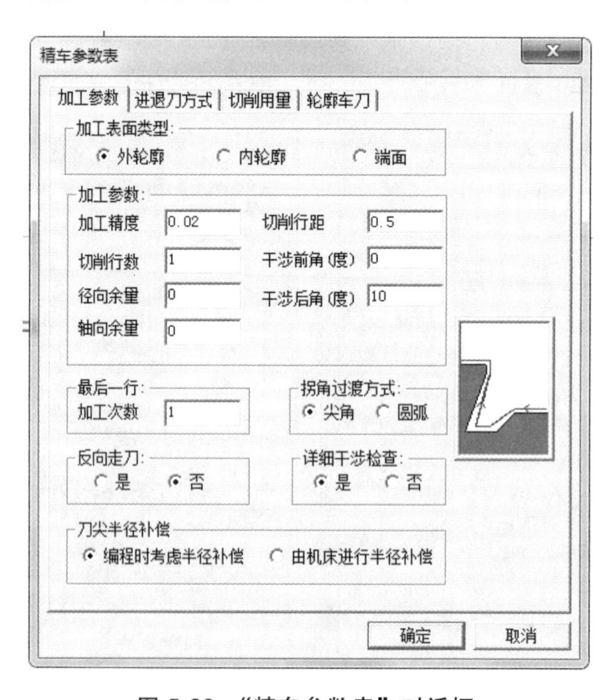

图 5-29　“精车参数表”对话框

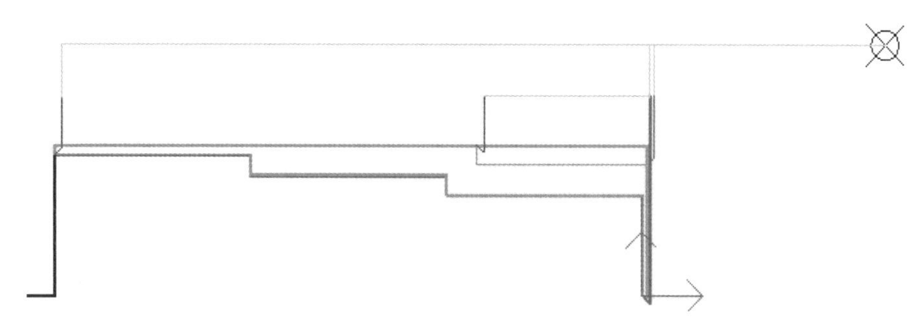

图 5-30　精加工刀具轨迹

3. 切槽

① 切槽刀具参数设置；

② 切槽切削用量设置；

③ 切槽进退刀方式设置；

④ 切槽加工参数表设置。

单击 CAXA 数控车软件的“数控车”菜单，并选择“切槽”，系统弹出“切槽参数表”对话框，按要求分别填写“加工参数”，如图 5-31 所示。注意：“切槽刀具”参数设置里的“刀刃宽度”要与实际加工刀具宽度一致，“编程刀位点”选择后刀尖，如图 5-32 所示，然后按照提示依次选择切槽轮廓，得到切槽加工刀具轨迹如图 5-33 所示。

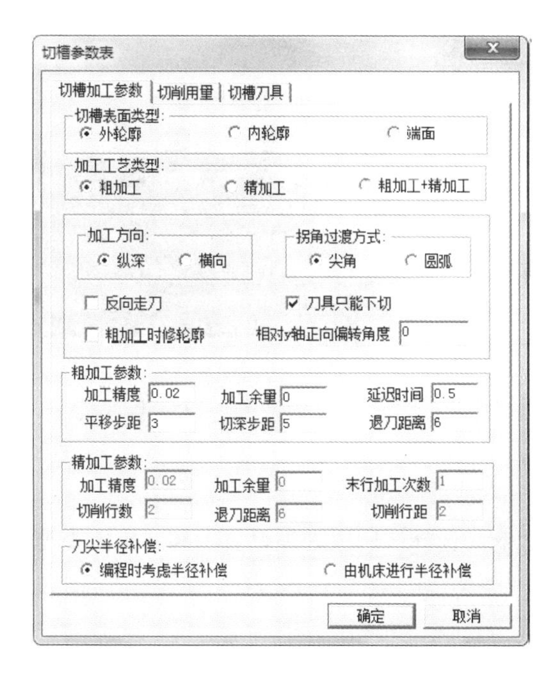

图 5-31　“切槽参数表”对话框

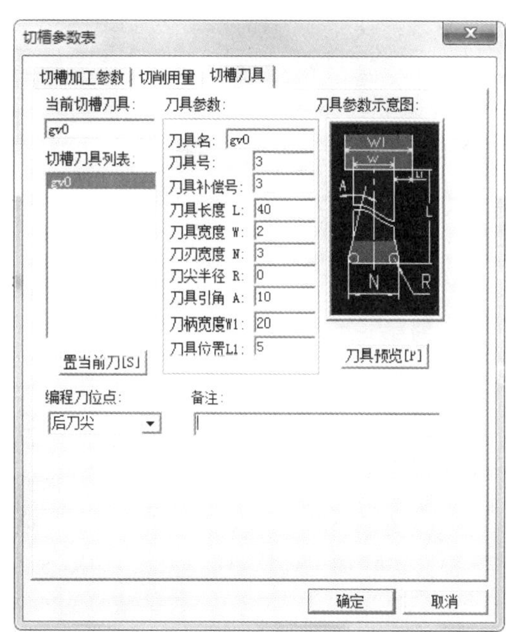

图 5-32　“切槽刀具”参数设置

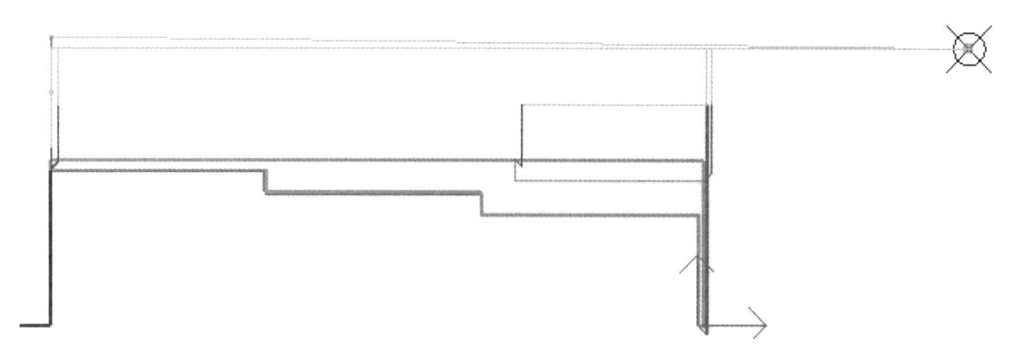

图 5-33　切槽加工刀具轨迹

(五) 轨迹仿真

将得到的刀具轨迹进行仿真验证。单击 CAXA 数控车软件的“数控车”菜单，并选择“轨迹仿真”，选择“二维实体”模式，进入仿真界面如图 5-34 所示，得到仿真结果如图 5-35 所示。

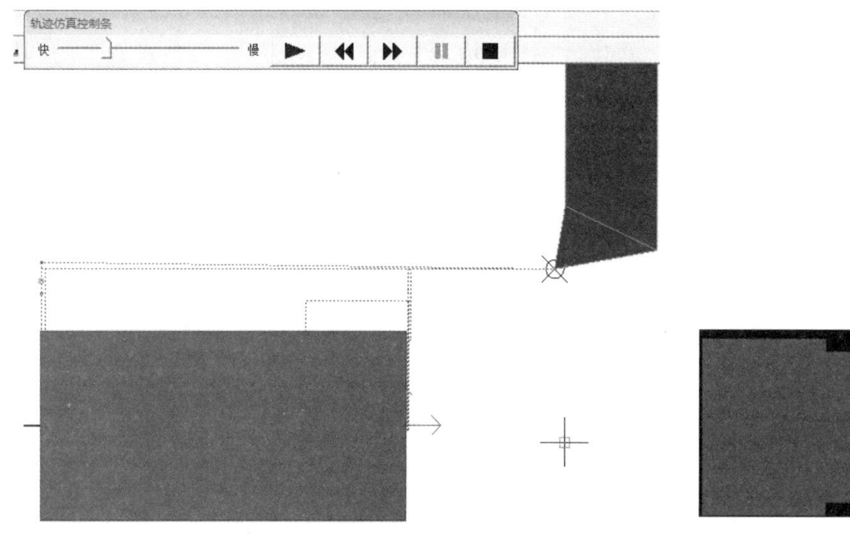

图 5-34　仿真界面　　图 5-35　仿真结果

(六) 后置处理

单击 CAXA 数控车软件的“数控车”菜单，依次选择“后置处理设置”和“机床类型设置”，根据实际加工环境进行设置，如图 5-36、图 5-37 所示。

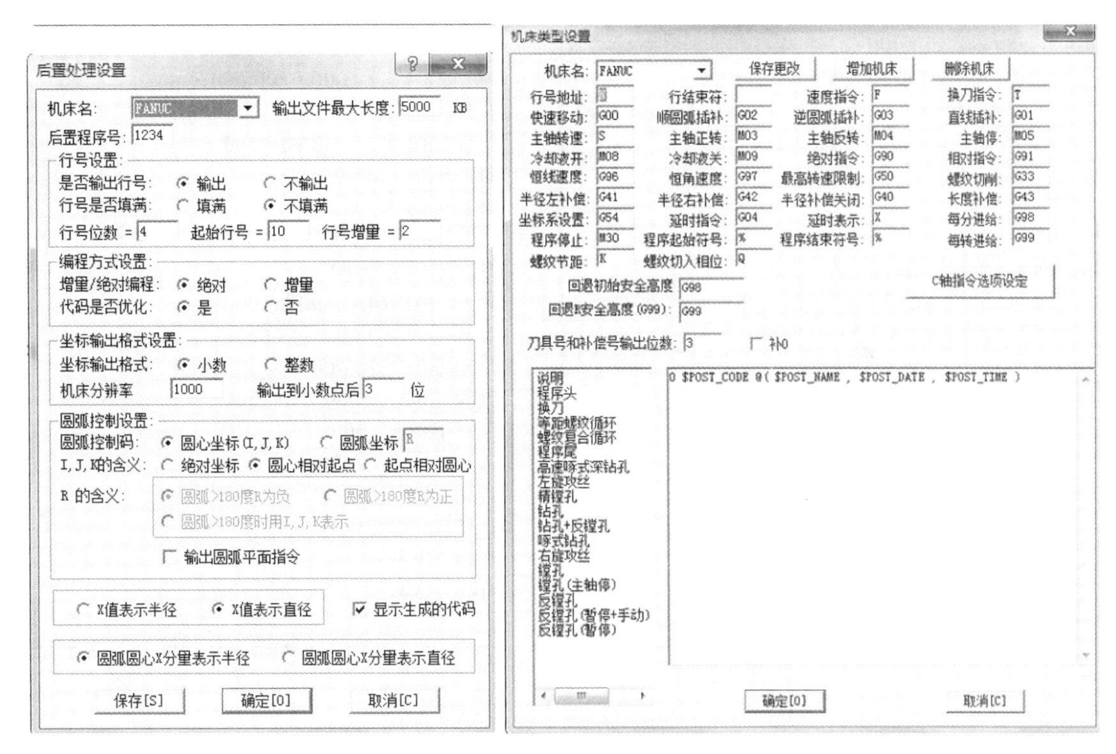

图 5-36 “后置处理设置”对话框　　　　图 5-37 “机床类型设置”对话框

(七) G 代码生成

单击 CAXA 数控车软件的“数控车”菜单，单击选择“代码生成”，选中“保存地址”和“对应数控系统”后按照工序依次选择粗加工、精加工、切槽刀具轨迹，得到该零件的加工代码。

该零件的 G 代码如下：

O1234	N24 G98 G01 X27.614 F5.000
N10 G50 S10000	N26 G01 X26.200 Z0.500
N12 G00 G97 S600 T11	N28 G01 Z-16.900 F80.000
N14 M03	N30 G01 X30.000
N16 M08	N32 G01 X28.586 Z-16.193 F20.000
N18 G00 X50.000 Z50.000	N34 G01 X40.000
N20 G00 Z1.207	N36 G00 Z0.807
N22 G00 X40.000	N38 G01 X-1.414 F5.000
N40 G01 X0.000 Z0.100	N94 G01 X39.414
N42 G01 X20.200 F80.000	N96 G00 X50.000
N44 G01 Z-19.900	N98 G00 Z50.000
N46 G01 X24.200	N100 M01
N48 G01 Z-39.900	N102 G50 S10000
N50 G01 X28.200	N104 G00 G97 S20 T33
N52 G01 Z-60.000	N106 M03
N54 G01 X29.614 Z-59.293 F20.000	N108 M08
N56 G01 X40.000	N110 G00 X52.000 Z-60.000

N58 G00 X50.000 N60 G00 Z50.000 N62 M01 N64 G50 S10000 N66 G00 G97 S800 T22 N68 M03 N70 M08 N72 G00 Z0.707 N74 G00 X39.414 N76 G98 G01 X-1.414 F5.000 N78 G01 X0.000 Z0.000 N80 G01 X20.000 F100.000 N82 G01 Z-20.000 N84 G01 X24.000 N86 G01 Z-40.000 N88 G01 X28.000 N90 G01 Z-60.000 N92 G01 X29.414 Z-59.293 F20.000	N112 G98 G01 X40.000 F5.000 N114 G01 X18.000 F300.000 N116 G04X0.500 N118 G01 X52.000 F20.000 N120 G01 X42.000 F5.000 N122 G01 X30.000 N124 G01 X8.000 F300.000 N126 G04X0.500 N128 G01 X42.000 F20.000 N130 G01 X32.000 F5.000 N132 G01 X20.000 N134 G01 X0.000 F300.000 N136 G04X0.500 N138 G01 X32.000 F20.000 N140 G00 X50.000 N142 G00 Z50.000 N144 M09 N146 M30 %

思考与练习

一、填空题

1. CAXA 数控车支持的刀具类型有__________、__________、__________和__________。

2. CAXA 数控车需要指定一个点作为进退刀点，该点的作用是____________________。

3. 轮廓“粗车参数表”中的“干涉前角”指的是______________________________，“干涉后角”指的是______________________________。

二、上机练习题

利用 CAXA 数控车软件，完成图 5-38 所示零件的自动编程，毛坯为 $\phi38\times100$ 的 45 钢棒料，试确定其加工工艺并生成加工程序。

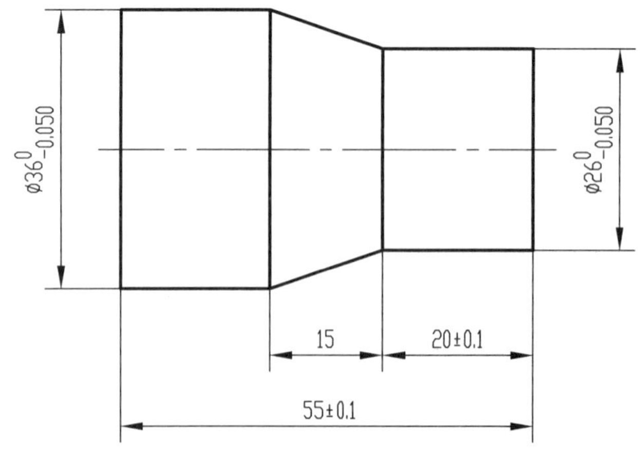

图 5-38　练习图

第六章　弧面零件加工实例

项目一　手柄零件加工

一、任务布置

利用 CAXA 数控车软件，完成图 6-1 所示手柄零件的自动编程，毛坯为 $\phi20\times80$ 的 45 钢棒料，并生成 G 代码。

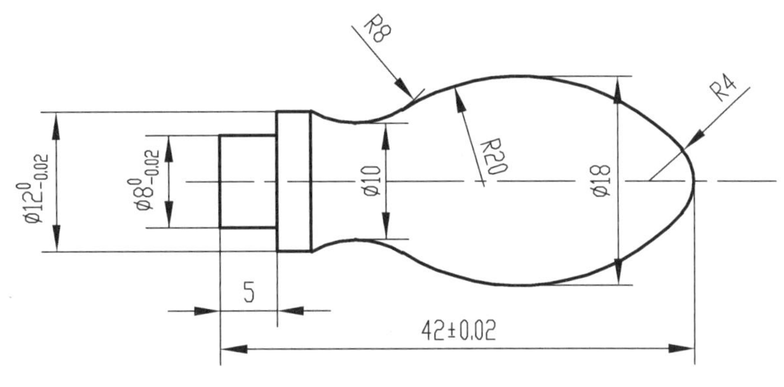

图 6-1　手柄零件简图

二、任务分析

该零件为手柄零件，经过分析，应先进行零件建模，然后进行刀具轨迹生成、仿真验证和 G 代码生成。本次任务要依次用到轮廓粗车、轮廓精车、切槽指令。轮廓粗车需要确定被加工轮廓和毛坯轮廓，被加工轮廓就是加工结束后的工件表面轮廓，毛坯轮廓就是加工前毛坯的表面轮廓。被加工轮廓和毛坯轮廓两端点首尾分别相连，形成一个封闭的加工区域，被加工轮廓和毛坯轮廓不能单独闭合或自己相交。手柄最左端应该用切槽方式进行加工。为了使 G 代码能够直接在实际机床上使用，零件建模后需要先建立工件坐标系，设立进退刀点。加工时应注意外圆车刀刀具后角干涉问题，所以在选用刀具时需要注意。

三、任务实施

(一) 零件建模

① 单击主菜单中的【绘图】→【孔/轴】命令，或单击“孔/轴”图标，选择“轴_直接给出角度”方式，中心线角度为 0°，在绘图区任意选择一点，根据提示在“起始直径”和“终止直径”两个框中填入直径值 8，然后输入长度 5，画出第一段阶梯轴；然后用相同的方法做

出 ϕ12 阶梯轴，长度值任意；然后单击主菜单中的【修改】→【平移】命令，或单击“平移”图标，选择“偏移方式_单向”方式，选择手柄最左端长度为 8 的直线，输入“距离”37（42-5），并延长中心线使之相交，在交点作圆 R4，得到图 6-2 所示零件图形。

图 6-2　手柄简图

② 单击主菜单中的【修改】→【平移】命令，或单击“平移”图标，选择“偏移方式_单向”方式，选择中心线，向上分别平移“距离”5 和 9（ϕ10 和 ϕ18 的一半）；单击主菜单中的【绘图】→【圆】命令，或单击“圆”图标，选择“两点_半径”方式，敲击“空格”键，在点立即菜单中选择切点，单击距离 9 的直线，用相同的办法点击 R4 的圆，输入半径 20，得到如图 6-3 所示图形。

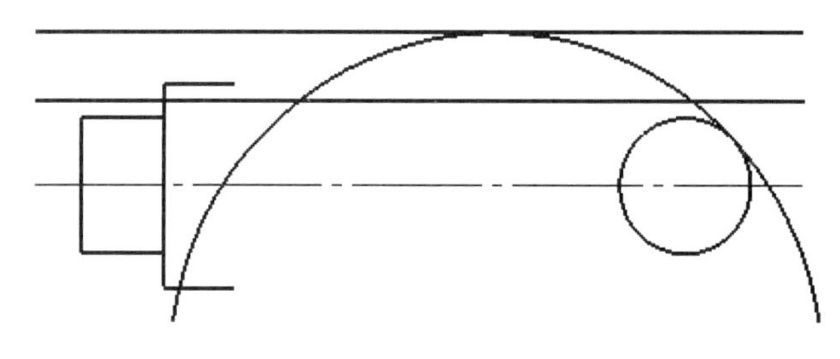

图 6-3　手柄简图

③ 单击主菜单中的【绘图】→【圆】命令，或单击“圆”图标，选择“两点_半径”方式，敲击“空格”键，在点立即菜单中选择切点，单击距离 5 的直线，用相同的办法点击 R20 的圆，输入半径 8，将多余的线进行裁剪，得到如图 6-4 所示图形，单击主菜单中的【修改】→【镜像】命令，将 R8 和 R20 的圆弧沿中心线镜像，得到如图 6-1 所示图形。

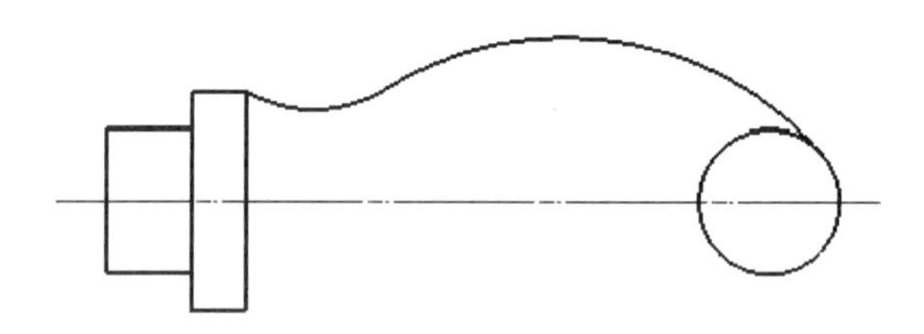

图 6-4 手柄简图

(二) 工艺处理

1. 建立工件坐标系

为了使 G 代码能够直接在实际机床上使用，需要建立工件坐标系。用鼠标左键将零件图形全部框选，然后点击鼠标右键，选择“平移”指令，根据左下角命令提示栏提示，选择“给定两点_保持原态_非正交”方式，根据提示将手柄右端面中心移至坐标原点。

2. 设定进退刀点

点击主菜单里“格式”，在下拉菜单中点击“点样式”，任意选择一种样式；点击绘图指令“点”，输入坐标（50，50），得到图形如图 6-5 所示，该点为程序进退刀点。

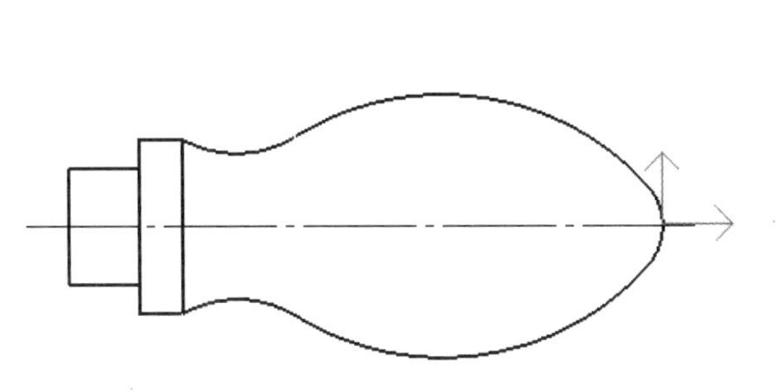

图 6-5　设定进退刀点

3. 图形处理

画出零件毛坯和最后切槽的轨迹并将多余的线进行处理。将多余的零件轮廓线删除，只留零件表面轮廓。选择“直线”命令，选择“两点线_连续_正交”方式，依次向右作直线长度为 0.5（端面加工余量），向上作直线长度为 10（毛坯半径），向左作直线长度为 42.5（零件总长度+端面加工余量），向下与轴 ϕ12 左上端点延长线相连，形成一个封闭的加工区域；重复“直线”命令，在 ϕ28 阶梯轴左端面中心向右作直线长度为 3（切刀宽度）。

为了区分不同的工艺工步，用不同颜色的线将图形再次进行处理，得到结果如图 6-6 所示。绿色：代表毛坯轮廓。粉色：代表粗、精加工轮廓。蓝色：代表切槽轮廓。

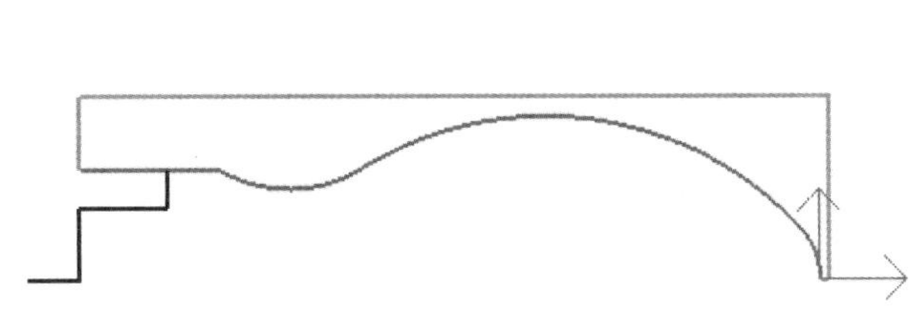

图 6-6　图形处理结果

(三) 制定加工工艺

① 首先使用粗车刀进行粗车加工。
② 其次使用精车刀进行精车加工。
③ 最后使用 3 mm 的切刀进行切断加工。

(四) 轨迹生成

1. 轮廓粗车

① 粗车刀具参数设置；
② 粗车切削用量设置；
③ 粗车进退刀方式设置；

④ 粗车加工参数表设置。

单击 CAXA 数控车软件的“数控车”菜单，并选择“轮廓粗车”，系统弹出“粗车参数表”对话框，然后按要求分别填写“加工参数”，“加工方式”选择“行切方式”。注意：手柄 R20 处圆弧直径大于 R8 处，需要考虑刀具后角干涉，参数如图 6-7 所示。“进退刀方式”在外轮廓加工中一般设置为默认值，内轮廓加工时可根据实际情况设置，避免撞刀。“轮廓车刀”参数设置和“刀具预览”如图 6-8 所示。注意：轮廓车刀刀具号和刀补号必须保持一致，后角和前面参数中的干涉后角要一致。

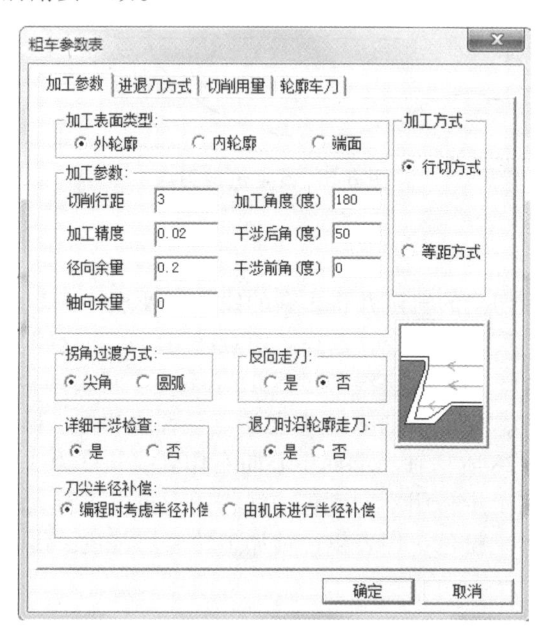

图 6-7 “粗车参数表”对话框

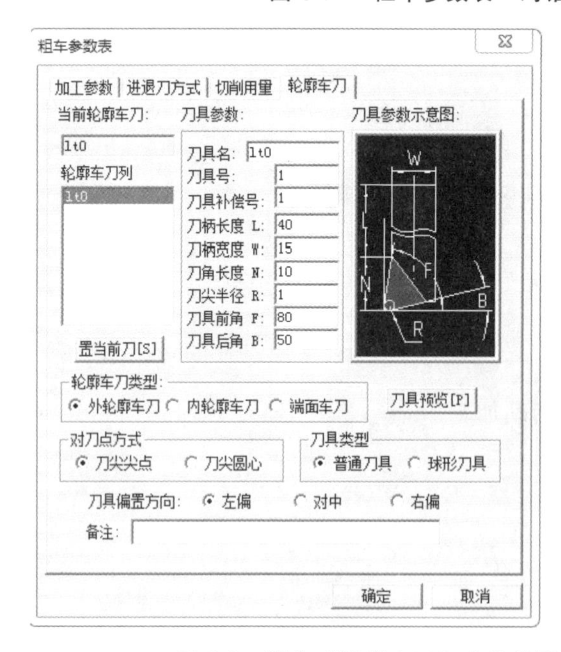

图 6-8 粗车“轮廓车刀”参数设置及刀具预览

参数设置好后系统提示拾取被加工轮廓，一般采用“单个拾取”或者“限制链拾取”，将被加工轮廓和毛坯轮廓区分开来。拾取第一条轮廓线后选取方向，依次拾取加工轮廓，回车后再依次拾取毛坯轮廓，两个轮廓首末端分别相连，形成一个封闭的加工区域。将进退刀点确定在预先设置好的点上，得到粗加工刀具轨迹如图 6-9 所示。

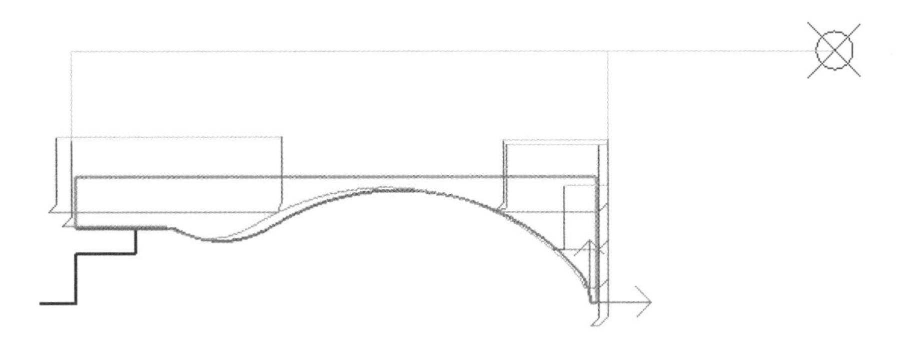

图 6-9　粗加工刀具轨迹

2. 轮廓精车

① 精车刀具参数设置；

② 精车切削用量设置；

③ 精车进退刀方式设置；

④ 精车加工参数表设置。

单击 CAXA 数控车软件的“数控车”菜单，并选择“轮廓精车”，系统弹出“精车参数表”对话框，如图 6-10 所示，然后按要求分别填写“加工参数”。设置方法与轮廓粗车类似，拾取被加工轮廓，得到精加工刀具轨迹如图 6-11 所示。

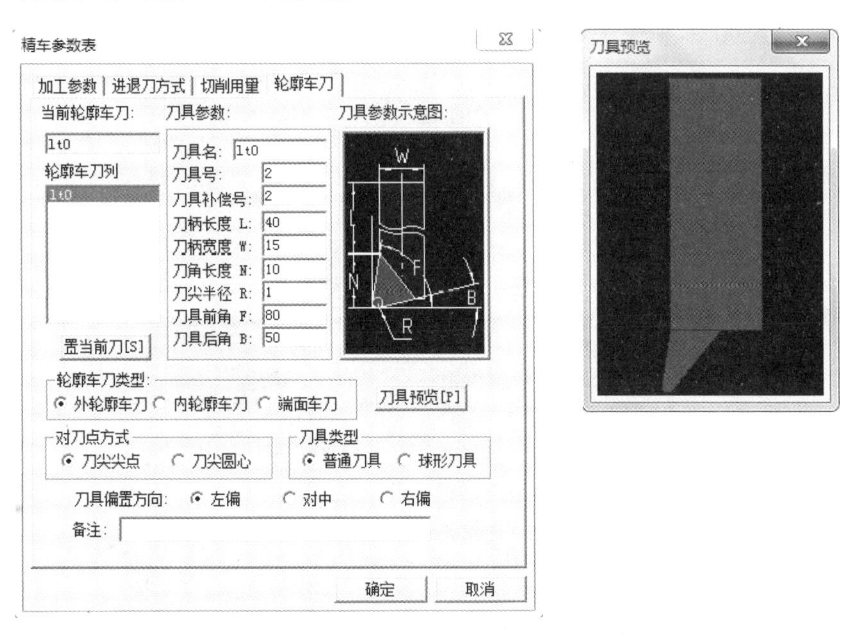

图 6-10　精车“轮廓车刀”参数设置及刀具预览

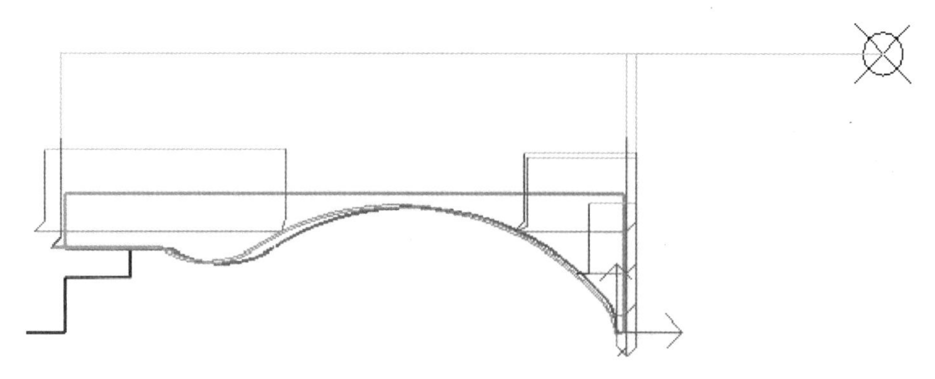

图 6-11　精加工刀具轨迹

3. 切槽

① 切槽刀具参数设置；

② 切槽切削用量设置；

③ 切槽进退刀方式设置；

④ 切槽加工参数表设置。

单击 CAXA 数控车软件的“数控车”菜单，并选择“切槽”，系统弹出“切槽参数表”对话框，按要求分别填写“加工参数”，手柄左端的槽一刀切不完，需要多次切入，所以“平移步距”需要填写，一般比切刀刀宽小一些，参数如图 6-12 所示。注意：“切槽刀具”参数设置里的“刀刃宽度”要与实际加工刀具宽度一致，“编程刀位点”选择后刀尖，然后按照提示依次选择切槽轮廓，得到切槽加工刀具轨迹如图 6-13 所示。

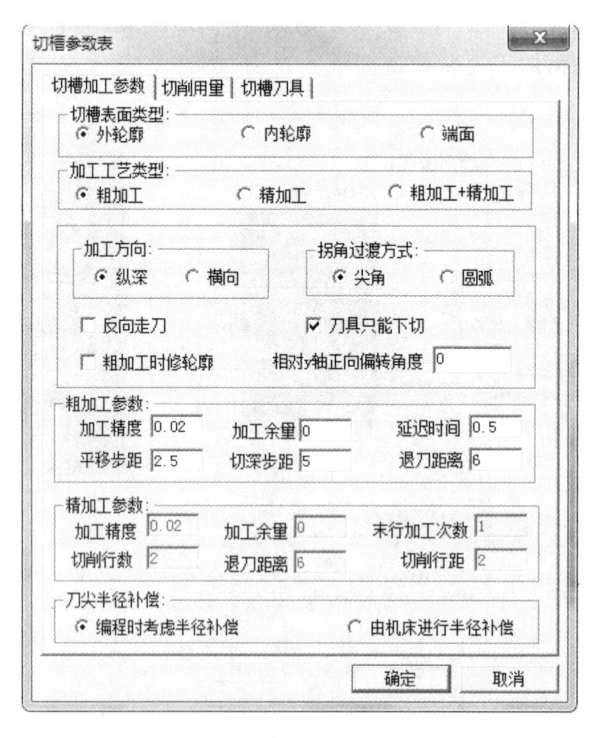

图 6-12　“切槽参数表”对话框

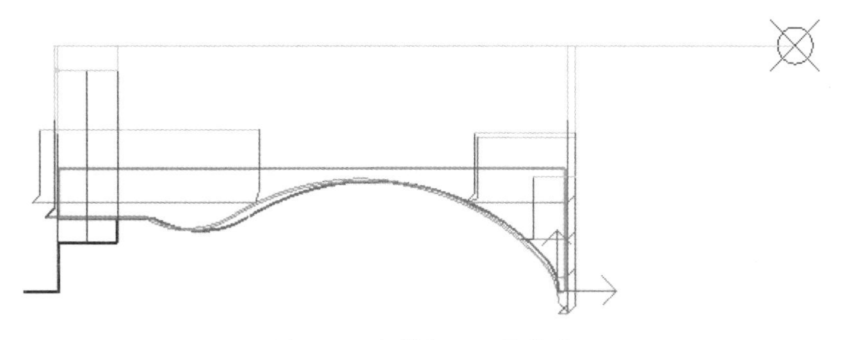

图 6-13　切槽加工刀具轨迹

(五) 轨迹仿真

将得到的刀具轨迹进行仿真验证。单击 CAXA 数控车软件的“数控车”菜单，并选择“轨迹仿真”，选择“二维实体”模式，进入仿真界面，得到仿真结果如图 6-14 所示。

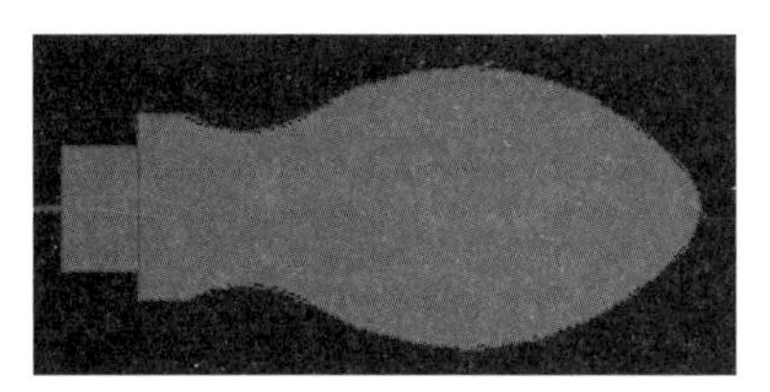

图 6-14　仿真结果

(六) 后置处理

单击 CAXA 数控车软件的“数控车”菜单，依次选择“后置处理设置”和“机床类型设置”，根据实际加工环境进行设置，如图 6-15、图 6-16 所示。

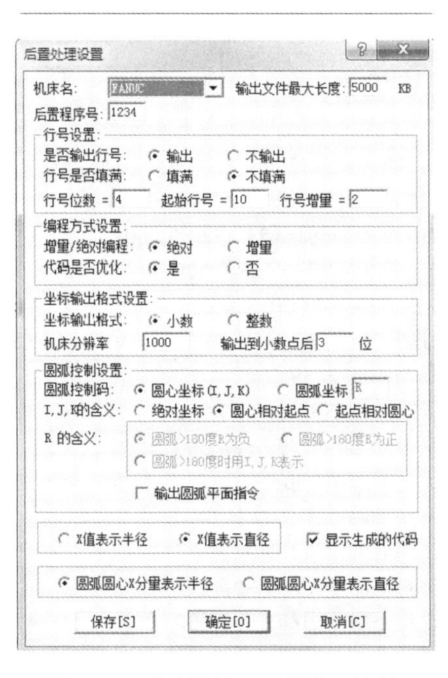

图 6-15　“后置处理设置”对话框

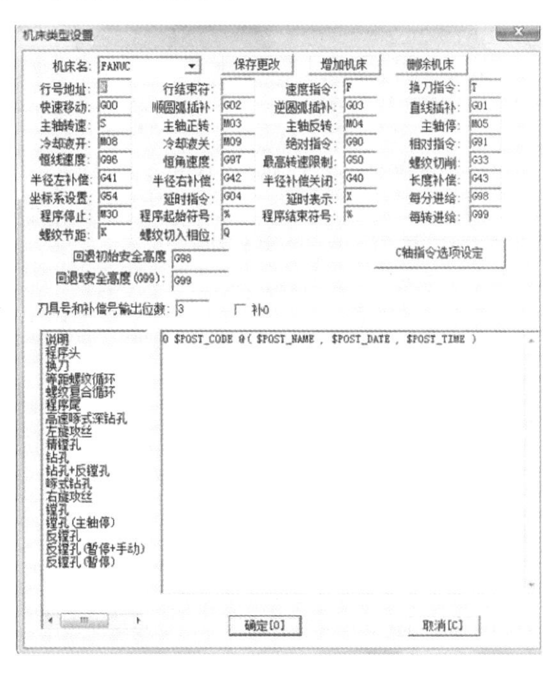

图 6-16　“机床类型设置”对话框

(七) G 代码生成

单击 CAXA 数控车软件的“数控车”菜单，单击选择“代码生成”，选中“保存地址”和“对应数控系统”后按照工序依次选择粗加工、精加工、切槽刀具轨迹，得到该零件的加工代码。

该零件的 G 代码如下：

```
O1234
N10 G50 S10000
N12 G00 G97 S600 T11
N14 M03
N16 M08
N18 G00 X50.000 Z50.000
N20 G00 Z1.407
N22 G00 X25.814
N24 G98 G01 X15.814 F5.000
N26 G01 X14.400 Z0.700
N28 G01 Z-7.790 F80.000
N30 G01 X15.814 Z-7.083 F20.000
N32 G01 X25.814
N34 G00 Z1.407
N36 G01 X9.814 F5.000
N38 G01 X8.400 Z0.700
N40 G01 Z-3.081 F80.000
N42 G03 X14.400 Z-7.790 I-16.054 K-13.537
N44 G01 X15.089 Z-6.852 F20.000
N46 G01 X25.089
N48 G00 Z1.407
N88 G01 X26.278
N90 G00 Z-25.102
N92 G01 X16.278 F5.000
N94 G01 X14.400 Z-25.447
N96 G03 X12.292 Z-27.435 I-19.054 K8.828
F80.000
N98 G02 Z-34.646 I6.000 K-3.606
N100 G01 Z-38.000
N102 G01 Z-43.000
N104 G01 X13.706 Z-42.293 F20.000
N106 G01 X25.814
N108 G00 X50.000
N110 G00 Z50.000
N112 M01
N114 G50 S10000
N116 G00 G97 S600 T22
N118 M03
N120 M08
N122 G00 Z0.717
N124 G00 X27.89
N50 G01 X3.814 F5.000
N52 G01 X2.400 Z0.700
N54 G01 Z-0.441 F80.000
N56 G03 X5.167 Z-1.369 I-2.054 K-4.559
N58 G03 X8.400 Z-3.081 I-14.437 K-15.250
N60 G01 X8.569 Z-2.085 F20.000
N62 G01 X18.569
N64 G00 Z1.407
N66 G01 X-2.186 F5.000
N68 G01 X-3.600 Z0.700
N70 G01 Z0.014 F80.000
N72 G01 X-2.186 Z0.721 F20.000
N74 G01 X25.089
N76 G00 Z-6.852
N78 G01 X15.089 F5.000
N80 G01 X14.400 Z-7.790
N82 G03 Z-25.447 I-19.054 K-8.828 F80.000
N84 G01 Z-44.200
N86 G01 X15.814 Z-43.493 F20.000
N146 G00 Z50.000
N148 M01
N150 G50 S10000
N152 G00 G97 S600 T33
N154 M03
N156 M08
N158 G00 Z-37.000
N160 G00 X35.892
N162 G98 G01 X23.892 F5.000
N164 G01 X7.892 F80.000
N166 G04X0.500
N168 G01 X35.892 F20.000
N170 G00 Z-39.500
N172 G01 X23.892 F5.000
N174 G01 X7.892 F80.000
N176 G04X0.500
N178 G01 X35.892 F20.000
N180 G00 Z-42.000
N182 G01 X23.892 F5.000
N184 G01 X1.892 F80.000
N186 G04X0.500
N188 G01 X35.892 F20.000
```

N126 G98 G01 X-3.368 F5.000 N128 G01 X-1.973 Z-0.000 N130 G03 X4.767 Z-1.369 I-0.068 K-5.000 F80.000 N132 G03 X11.892 Z-27.435 I-14.437 K-15.250 N134 G02 Z-34.646 I6.000 K-3.606 N136 G01 Z-38.000 N138 G01 Z-43.000 N140 G01 X13.306 Z-42.293 F20.000 N142 G01 X27.892 N144 G00 X50.000	N190 G01 X25.892 F5.000 N192 G01 X13.892 N194 G01 X-0.108 F80.000 N196 G04X0.500 N198 G01 X25.892 F20.000 N200 G00 X50.000 N202 G00 Z50.000 N204 M09 N206 M30 %

项目二 印章零件加工

一、任务布置

利用 CAXA 数控车软件，完成图 6-17 所示印章零件的自动编程，毛坯为 $\phi28\times80$ 的 45 钢棒料，并生成 G 代码。

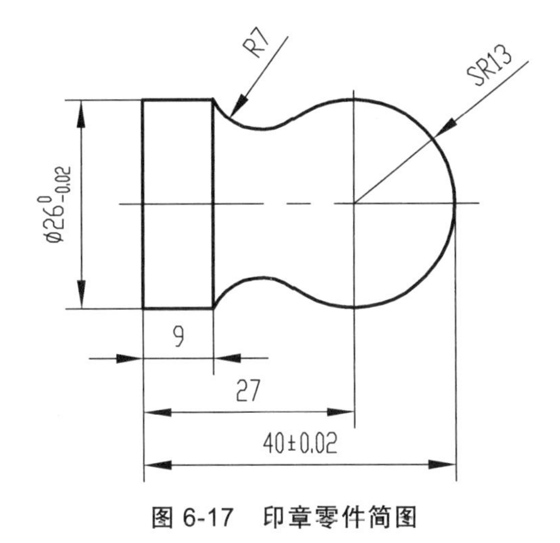

图 6-17 印章零件简图

二、任务分析

该零件为印章零件，经过分析，应先进行零件建模，然后进行刀具轨迹生成、仿真验证和 G 代码生成。本次任务要依次用到轮廓粗车、轮廓精车、切槽指令。轮廓粗车需要确定被加工轮廓和毛坯轮廓，被加工轮廓就是加工结束后的工件表面轮廓，毛坯轮廓就是加工前毛坯的表面轮廓。被加工轮廓和毛坯轮廓两端点首尾分别相连，形成一个封闭的加工区域，被加工轮廓和毛坯轮廓不能单独闭合或自己相交。手柄最左端应该用切槽方式进行加工。为了使 G 代码能够直接在实际机床上使用，零件建模后需要先建立工件坐标系，设立进退刀点。加工时应注意外圆车刀刀具后角干涉问题，所以在选用刀具时需要注意。

三、任务实施

(一) 零件建模

① 单击主菜单中的【绘图】→【矩形】命令，或单击“矩形”图标，选择“长度_宽度”方式，根据提示输入长度 9、宽度 26，画出印章底部；单击主菜单中的【修改】→【平移】命令，或单击“平移”图标，选择“偏移方式_单向”方式，选择印章最左端长度为 26 的直线，输入“距离”27（40-13），并延长中心线使之相交，在交点作圆 R13，得到图 6-18 所示的印章简图。

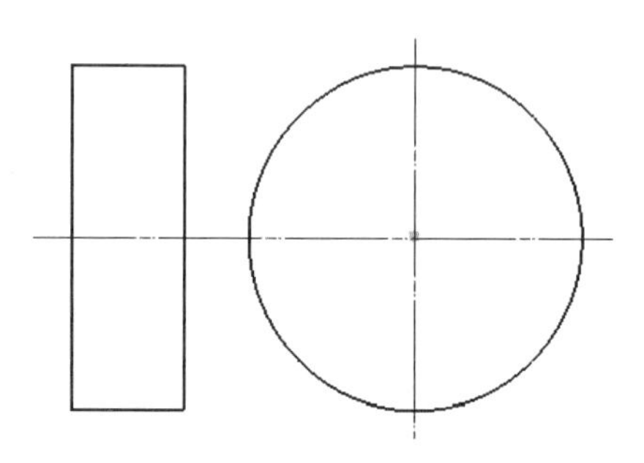

图 6-18　印章简图

② 单击主菜单中的【绘图】→【圆弧】命令，或单击“圆弧”图标，选择“两点_半径”方式，敲击“空格”键，在点立即菜单中选择切点，单击 R13 的圆，再左键单击 9×26 的矩形的右上角端点，输入半径 7；将得到的圆弧沿水平中心线镜像，将多余的线进行裁剪，得到如图 6-17 所示图形。

(二) 工艺处理

1. 建立工件坐标系

为了使 G 代码能够直接在实际机床上使用，需要建立工件坐标系。用鼠标左键将零件图形全部框选，然后点击鼠标右键，选择“平移”指令，根据左下角命令提示栏提示，选择“给定两点_保持原态_非正交”方式，根据提示将手柄右端面中心移至坐标原点。

2. 设定进退刀点

点击主菜单中的“格式”，在下拉菜单中点击“点样式”，任意选择一种样式；点击绘图指令“点”，输入坐标（50，50），得到图形如图 6-19 所示，该点为程序进退刀点。

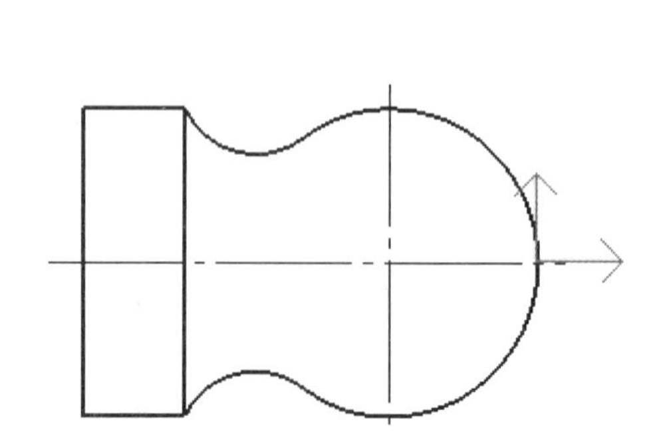

图 6-19　设定进退刀点

3. 图形处理

画出零件毛坯和最后切槽的轨迹并将多余的线进行处理。将多余的零件轮廓线删除，只留零件表面轮廓。选择“直线”命令，选择“两点线_连续_正交”方式，依次向右作直线长度为 0.5（端面加工余量），向上作直线长度为 14（毛坯半径），向左作直线长度为 40.5（零件总长度+端面加工余量），向下与轴 $\phi26$ 左上端点相连，形成一个封闭的加工区域；重复“直线”命令，在 $\phi26$ 阶梯轴左端面中心向右作直线长度为 3（切刀宽度）。

为了区分不同的工艺工步，用不同颜色的线将图形再次进行处理，得到结果如图 6-20 所示。绿色：代表毛坯轮廓。粉色：代表粗、精加工轮廓。蓝色：代表切槽轮廓。

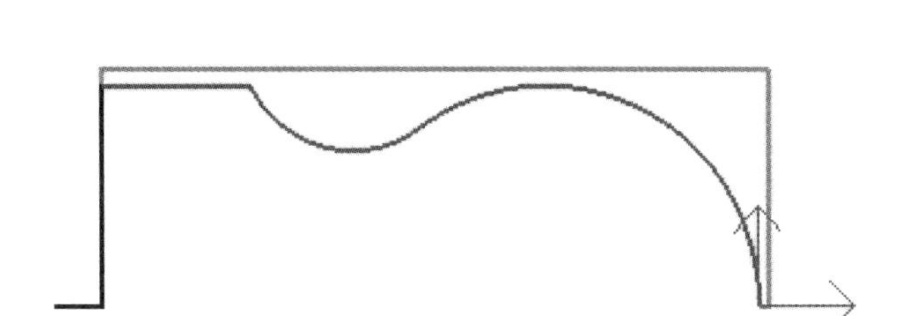

图 6-20　图形处理结果

(三) 制定加工工艺

① 首先使用粗车刀进行粗车加工。

② 其次使用精车刀进行精车加工。

③ 最后使用 3 mm 的切刀进行切断加工。

(四) 轨迹生成

1. 轮廓粗车

① 粗车刀具参数设置；

② 粗车切削用量设置；

③ 粗车进退刀方式设置；

④ 粗车加工参数表设置。

单击 CAXA 数控车软件的“数控车”菜单，并选择“轮廓粗车”，系统弹出“粗车参数表”对话框，然后按要求分别填写“加工参数”，“加工方式”选择行切方式。注意：手柄 R20 处圆弧直径大于 R8 处，需要考虑刀具后角干涉，参数如图 6-21 所示。进退刀方式在外轮廓加工中一般设置为默认值，内轮廓加工时可根据实际情况设置，避免撞刀。“轮廓车刀”参数设置和刀具预览如图 6-22 所示。注意：轮廓车刀刀具号和刀补号必须保持一致，刀具后角和前面参数中的干涉后角要一致。

参数设置好后系统提示拾取被加工轮廓，一般采用“单个拾取”或者“限制链拾取”，将被加工轮廓和毛坯轮廓区分开来。拾取第一条轮廓线后选取方向，依次拾取加工轮廓，回车后再依次拾取毛坯轮廓，两个轮廓首末端分别相连，形成一个封闭的加工区域。将进退刀点确定在预先设置好的点上，得到粗加工刀具轨迹如图 6-23 所示。

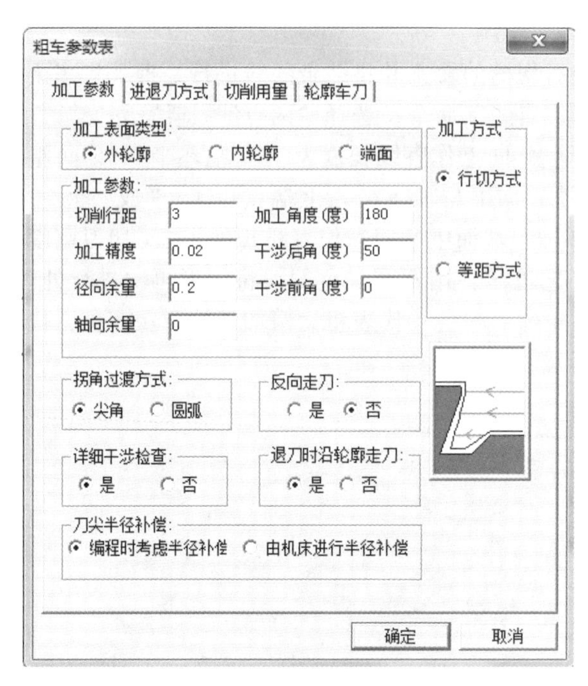

图 6-21　“粗车参数表”对话框

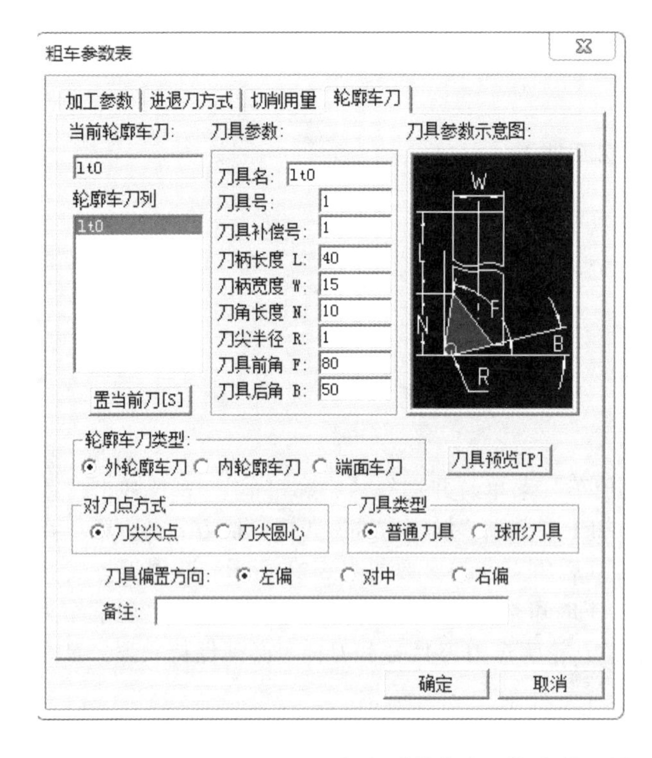

图 6-22　粗车“轮廓车刀”参数设置及刀具预览

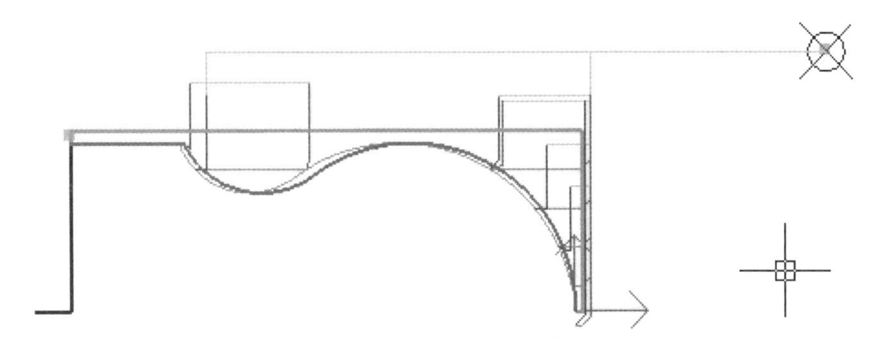

图 6-23　粗加工刀具轨迹

2. 轮廓精车

① 精车刀具参数设置；

② 精车切削用量设置；

③ 精车进退刀方式设置；

④ 精车加工参数表设置。

单击 CAXA 数控车软件的“数控车”菜单，并选择“轮廓精车”，系统弹出“精车参数表”对话框，如图 6-24 所示，然后按要求分别填写“加工参数”。设置方法与轮廓粗车类似，拾取被加工轮廓，得到精加工刀具轨迹如图 6-25 所示。

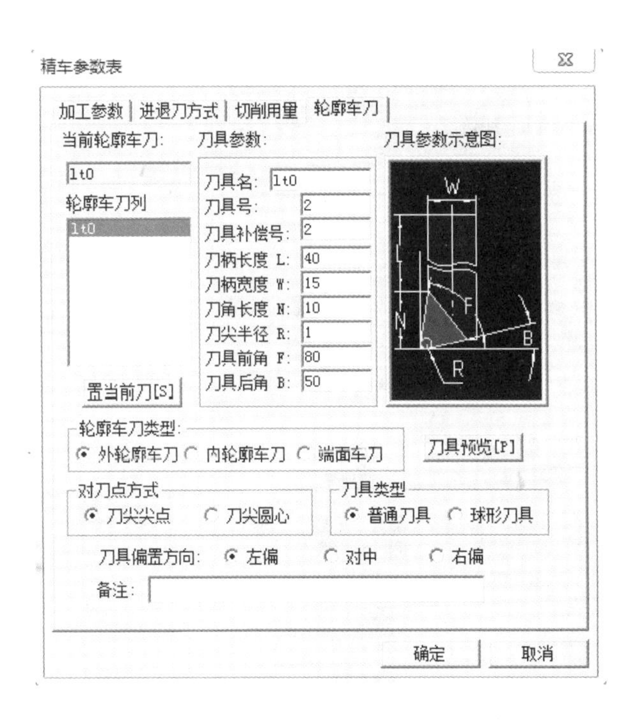

图 6-24　精车“轮廓车刀”参数设置及刀具预览

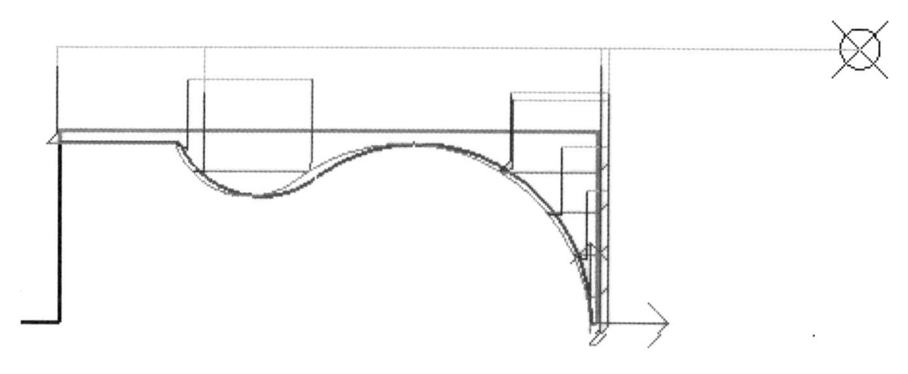

图 6-25　精加工刀具轨迹

3. 切槽

① 切槽刀具参数设置；

② 切槽切削用量设置；

③ 切槽进退刀方式设置；

④ 切槽加工参数表设置。

单击 CAXA 数控车软件的“数控车”菜单，并选择“切槽”，系统弹出“切槽参数表”对话框，按要求分别填写“加工参数”，参数如图 6-26 所示。注意：切槽刀参数设置中的“刀刃宽度”要与实际加工刀具宽度一致。“编程刀位点”选择后刀尖，然后按照提示依次选择切槽轮廓，得到切槽加工刀具轨迹如图 6-27 所示。

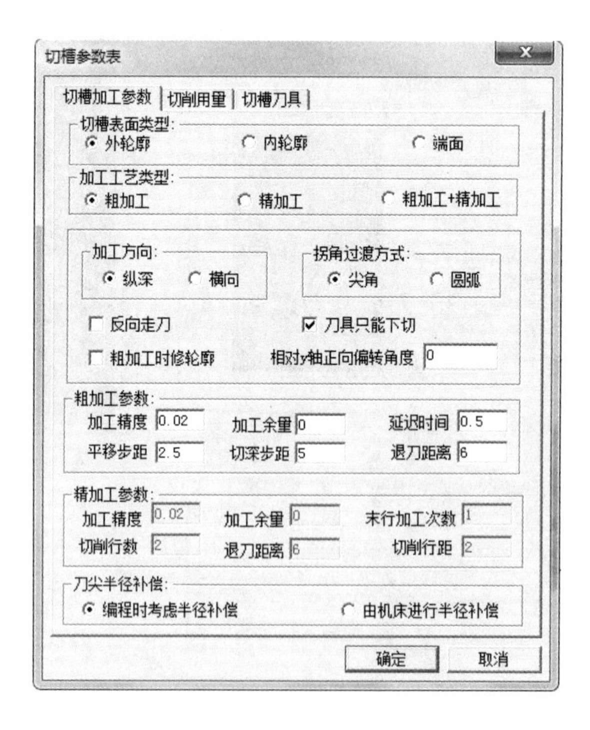

图 6-26　“切槽参数表”对话框

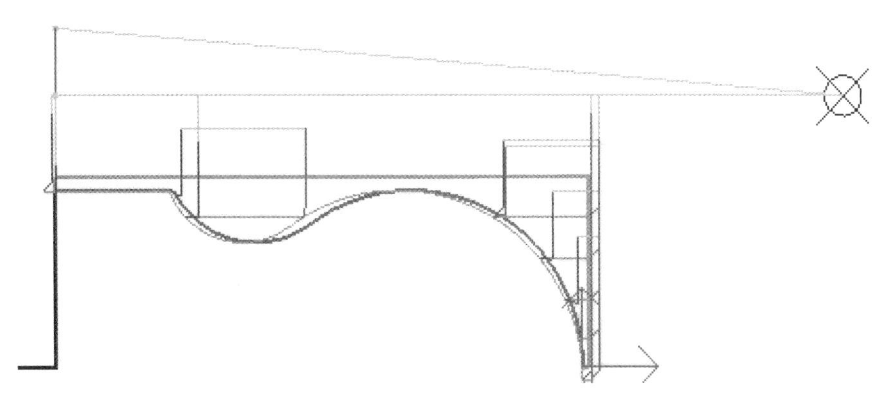

图 6-27　切槽加工刀具轨迹

(五) 轨迹仿真

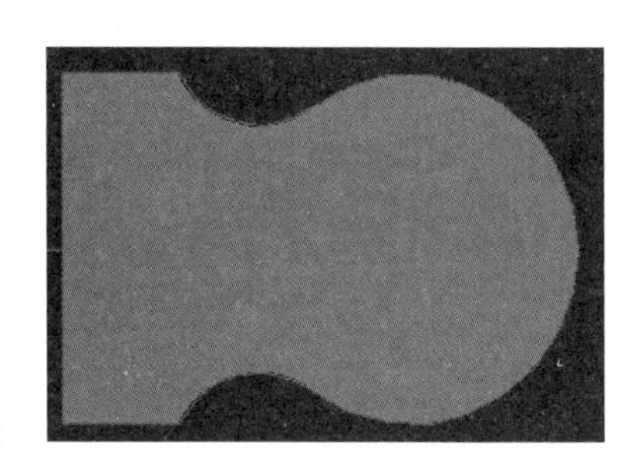

图 6-28　仿真结果

将得到的刀具轨迹进行仿真验证。单击 CAXA 数控车软件的“数控车”菜单，并选择“轨迹仿真”，选择“二维实体”模式，进入仿真界面，得到仿真结果如图 6-28 所示。

(六) 后置处理

单击 CAXA 数控车软件的“数控车”菜单，依次选择“后置处理处理”和“机床类型设置”，根据实际加工环境进行设置，如图 6-29、图 6-30 所示。

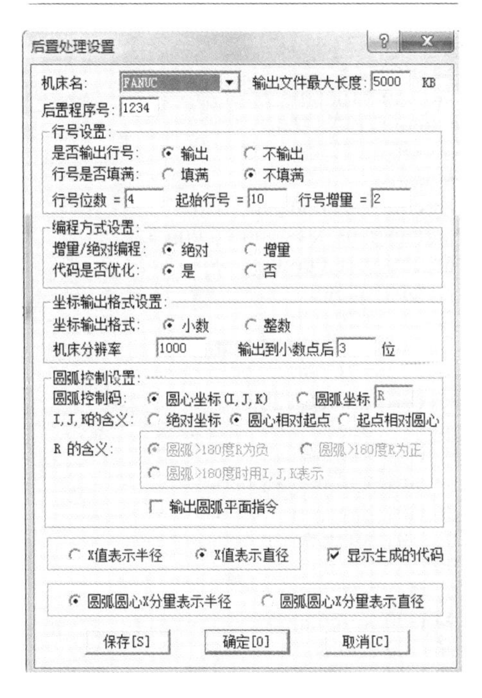

图 6-29　“后置处理设置”对话框

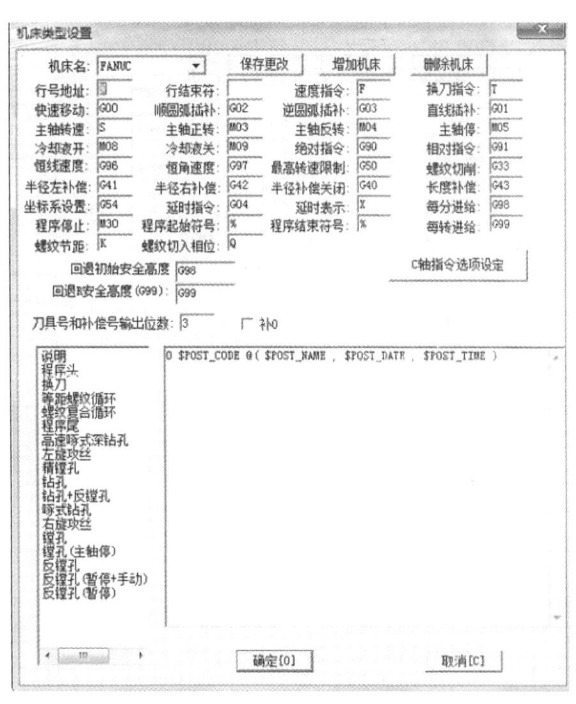

图 6-30　“机床类型设置”对话框

(七) G 代码生成

单击 CAXA 数控车软件的“数控车”菜单，单击选择“代码生成”，选中“保存地址”和“对应数控系统”后按照工序依次选择粗加工、精加工、切槽刀具轨迹，得到该零件的加工代码。

该零件的 G 代码如下：

```
O1234
N10 G50 S10000
N12 G00 G97 S600 T11
N14 M03
N16 M08
N18 G00 X50.000 Z50.000
N20 G00 Z1.207
N22 G00 X33.414
N24 G98 G01 X23.414 F5.000
N26 G01 X22.000 Z0.500
N28 G01 Z-6.789 F80.000
N30 G01 X23.414 Z-6.082 F20.000
N32 G01 X33.414
N34 G00 Z1.207
N36 G01 X17.414 F5.000
N38 G01 X16.000 Z0.500
N40 G01 Z-3.276 F80.000
N42 G03 X22.000 Z-6.789 R14.000
N44 G01 X22.484 Z-5.819 F20.000
N46 G01 X32.484
N48 G00 Z1.207
N50 G01 X11.414 F5.000
N96 G01 Z-30.070
N98 G02 X26.000 Z-31.353 R6.000
N100 G01 X25.195 Z-30.438 F20.000
N102 G01 X35.195
N104 G00 Z-20.969
N106 G01 X23.941 F5.000
N108 G01 X22.000 Z-21.211
N110 G03 X20.646 Z-22.233 R14.000 F80.000
N112 G02 X22.000 Z-30.070 R6.000
N114 G01 X21.969 Z-29.070 F20.000
N116 G01 X33.414
N118 G00 X50.000
N120 G00 Z50.000
N122 M01
N124 G50 S10000
N126 G00 G97 S800 T22
N128 M03
N130 M08
N132 G00 Z0.707
N134 G00 X37.414
N136 G98 G01 X-3.414 F5.000
N138 G01 X-2.000 Z-0.000
N140 G03 X20.646 Z-22.233 R14.000 F100.000
N142 G02 X26.000 Z-31.353 R6.000
N144 G01 Z-41.000
N146 G01 X27.414 Z-40.293 F20.000
N52 G01 X10.000 Z0.500
N54 G01 Z-1.351 F80.000
N56 G03 X16.000 Z-3.276 R14.000
N58 G01 X15.826 Z-2.280 F20.000
N60 G01 X25.826
N62 G00 Z1.207
N64 G01 X5.414 F5.000
N66 G01 X4.000 Z0.500
N68 G01 Z-0.325 F80.000
N70 G03 X10.000 Z-1.351 R14.000
N72 G01 X9.328 Z-0.409 F20.000
N74 G01 X19.328
N76 G00 Z1.207
N78 G01 X-0.586 F5.000
N80 G01 X-2.000 Z0.500
N82 G01 Z0.000 F80.000
N84 G01 X-0.586 Z0.707 F20.000
N86 G01 X32.484
N88 G00 Z-5.819
N90 G01 X22.484 F5.000
N92 G01 X22.000 Z-6.789
N94 G03 Z-21.211 R14.000 F80.000
N150 G00 X50.000
N152 G00 Z50.000
N148 G01 X37.414
N154 M01
N156 G50 S10000
N158 G00 G97 S300 T33
N160 M03
N162 M08
N164 G00 X50.000 Z-40.000
N166 G98 G01 X38.000 F5.000
N168 G01 X16.000 F20.000
N170 G04X0.500
N172 G01 X50.000
N174 G01 X40.000 F5.000
N176 G01 X28.000
N178 G01 X6.000 F20.000
N180 G04X0.500
N182 G01 X40.000
N184 G01 X30.000 F5.000
N186 G01 X18.000
N188 G01 X0.000 F20.000
N190 G04X0.500
N192 G01 X30.000
N194 G00 X50.000
N196 G00 Z50.000
N198 M09
N200 M30
%
```

思考与练习

一、填空题

1. CAXA 数控车中的“刀具干涉后角”是________________________意思，在加工____________的时候需要注意。

2. CAXA 数控车中切槽参数中的“平移步距”指的是____________________，需要注意______________________________。

3. 轮廓粗车需要确定被加工轮廓和毛坯轮廓，被加工轮廓就是____________轮廓，毛坯轮廓就是________________轮廓。被加工轮廓和毛坯轮廓两端点首尾分别相连，形成一个__________________，被加工轮廓和毛坯轮廓不能________________。

二、上机练习题

1. 利用 CAXA 数控车软件，完成图 6-31 所示把手零件的自动编程，毛坯为$\phi 20\times 80$的 45 钢棒料，试确定其加工工艺并生成加工程序。

2. 利用 CAXA 数控车软件，完成图 6-32 所示零件的自动编程，毛坯为 $\phi 16\times 80$ 的 H62 铜棒料，试确定其加工工艺并生成加工程序。

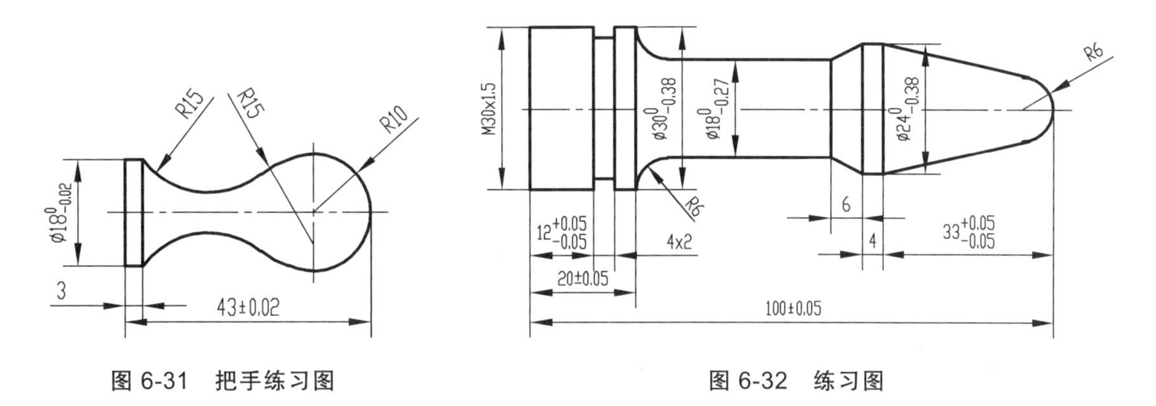

图 6-31　把手练习图

图 6-32　练习图

3. 利用 CAXA 数控车软件，完成图 6-33 所示子弹零件的自动编程，毛坯为 $\phi 16\times 80$ 的 H62 铜棒料，试确定其加工工艺并生成加工程序。

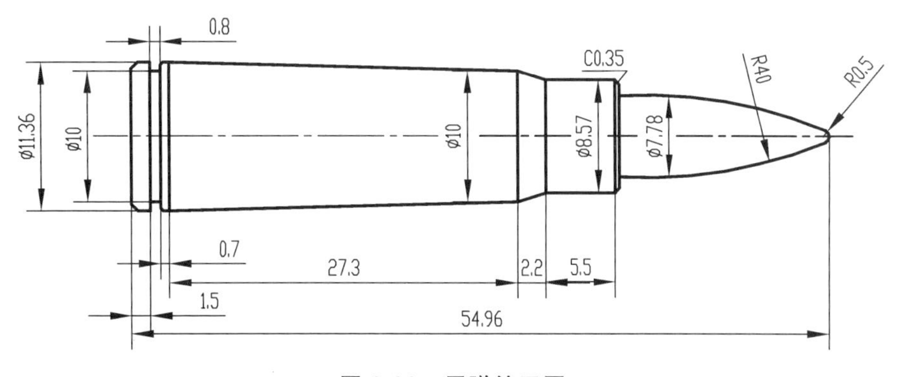

图 6-33　子弹练习图

第七章　槽类零件加工实例

项目　槽类零件加工

一、任务布置

利用 CAXA 数控车软件，完成图 7-1 所示槽类零件的自动编程，毛坯为 $\phi28\times80$ 的 45 钢棒料，并生成 G 代码。

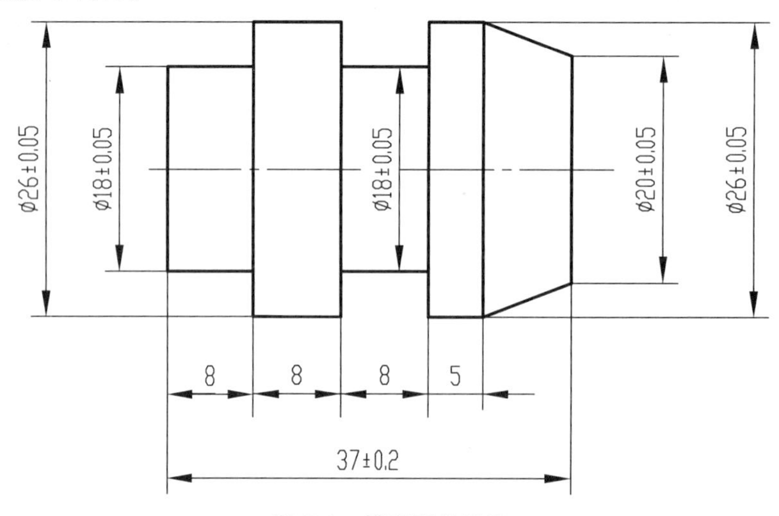

图 7-1　槽类零件简图

二、任务分析

该零件为槽零件，经过分析，应先进行零件建模，然后进行刀具轨迹生成、仿真验证和 G 代码生成。本次任务要依次用到轮廓粗车、轮廓精车、切槽指令。轮廓粗车需要确定被加工轮廓和毛坯轮廓，被加工轮廓就是加工结束后的工件表面轮廓，毛坯轮廓就是加工前毛坯的表面轮廓。被加工轮廓和毛坯轮廓两端点首尾分别相连，形成一个封闭的加工区域，被加工轮廓和毛坯轮廓不能单独闭合或自己相交，因为中间的槽不能直接用外圆车刀加工，所以粗加工和精加工轮廓的时候不能加工槽，需要最后用切槽刀加工。为了使 G 代码能够直接在实际机床上使用，零件建模后需要先建立工件坐标系，设立进退刀点。加工时应注意切槽刀刀宽和平移步距之间的关系。

三、任务实施

(一) 零件建模

单击主菜单中的【绘图】→【孔/轴】命令，或单击“孔/轴”图标，选择“轴_直接给出角度”方式，中心线角度为 0°，在绘图区任意选择一点，根据提示在“起始直径”和“终止直径”两个框中填入直径值 18，然后输入长度 8，画出第一段阶梯轴；然后用相同的方法依次做出后面的阶梯轴，得到图 7-1 所示零件图形。

(二) 工艺处理

1. 建立工件坐标系

为了使 G 代码能够直接在实际机床上使用，需要建立工件坐标系。用鼠标左键将零件图形全部框选，然后点击鼠标右键，选择“平移”指令，根据左下角命令提示栏提示，选择“给定两点_保持原态_非正交”方式，根据提示将零件右端面中心移至坐标原点。

2. 设定进退刀点

点击主菜单中的“格式”，在下拉菜单中点击“点样式”，任意选择一种样式；点击绘图指令“点”，输入坐标（50，50），得到图形如图 7-2 所示，该点为程序进退刀点。

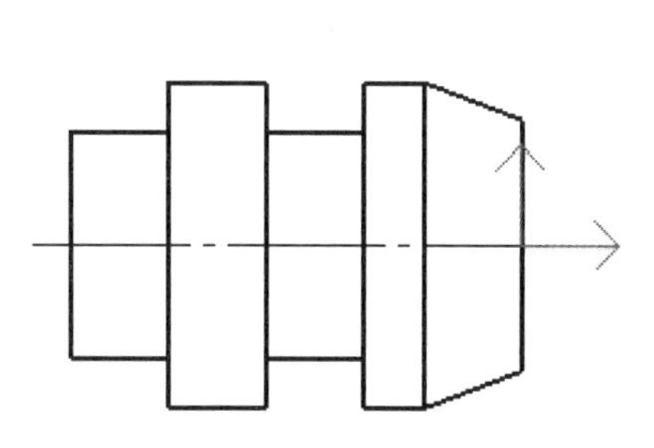

图 7-2 设定进退刀点

3. 图形处理

画出零件毛坯和最后切槽的轨迹并将多余的线进行处理。将多余的零件轮廓线删除，只留零件表面轮廓。选择“直线”命令，选择“两点线_连续_正交”方式，依次向右作直线长度为 0.5（端面加工余量），向上作直线长度为 14（毛坯半径），向左作直线长度为 37.5（零件总长度+端面加工余量），向下与轴 $\phi18$ 左上端点延长线相连，形成一个封闭的加工区域；重复“直线”命令，将中间 $\phi18\times8$ 槽填平；重复“直线”命令，在 $\phi28$ 阶梯轴左端面中心向右作直线长度为 3（切刀宽度）。

为了区分不同的工艺工步，用不同颜色的线将图形再次进行处理，得到结果如图 7-3 所示。绿色：代表毛坯轮廓。粉色：代表粗、精加工轮廓。蓝色：代表切槽轮廓。

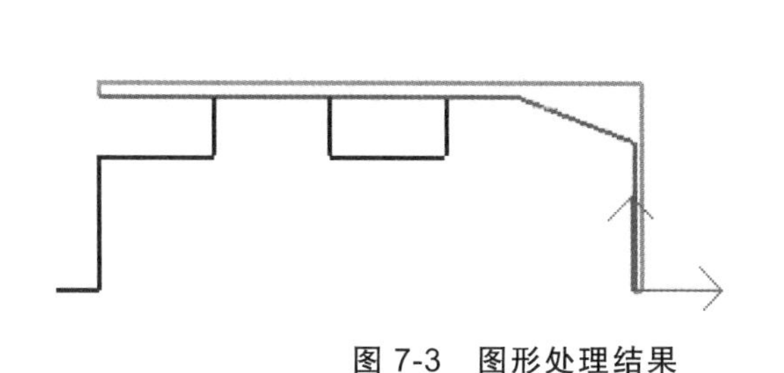

图 7-3 图形处理结果

(三) 制定加工工艺

① 首先使用粗车刀进行粗车加工。
② 其次使用精车刀进行精车加工。
③ 最后使用 3 mm 的切刀进行切断加工。

(四) 轨迹生成

1. 轮廓粗车

① 粗车刀具参数设置；

② 粗车切削用量设置；

③ 粗车进退刀方式设置；

④ 粗车加工参数表设置。

单击 CAXA 数控车软件的“数控车”菜单，并选择“轮廓粗车”，系统弹出“粗车参数表”对话框，然后按要求分别填写“加工参数”，“加工方式”选择行切方式，“进退刀方式”在外轮廓加工中一般设置为默认值，内轮廓加工时可根据实际情况设置，避免撞刀。“切削用量”参数设置如图 7-4 所示。注意：轮廓车刀刀具号和刀补号必须保持一致。

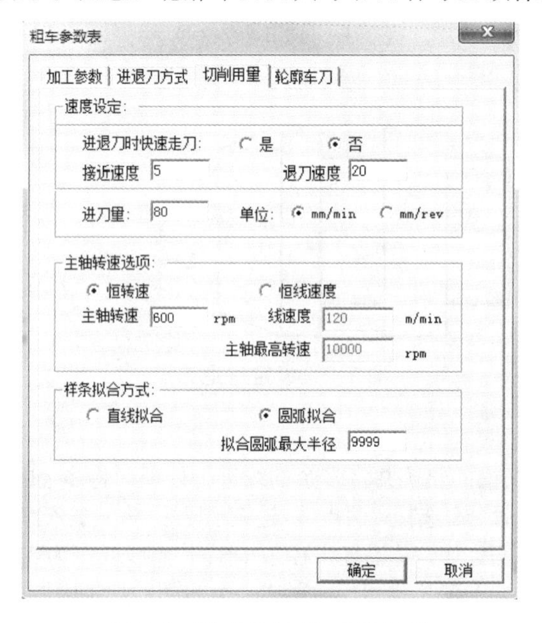

图 7-4　“切削用量”参数设置

参数设置好后系统提示拾取被加工轮廓，一般采用“单个拾取”或者“限制链拾取”，将被加工轮廓和毛坯轮廓区分开来。拾取第一条轮廓线后选取方向，依次拾取加工轮廓，回车后再依次拾取毛坯轮廓，两个轮廓首末端分别相连，形成一个封闭的加工区域。将进退刀点确定在预先设置好的点上，得到粗加工刀具轨迹如图 7-5 所示。

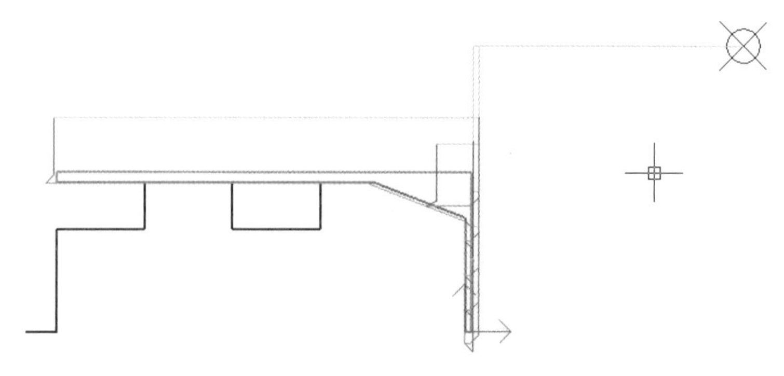

图 7-5　粗加工刀具轨迹

2. 轮廓精车

① 精车刀具参数设置；

② 精车切削用量设置；

③ 精车进退刀方式设置；

④ 精车加工参数表设置。

单击 CAXA 数控车软件的“数控车”菜单，并选择“轮廓精车”，系统弹出“精车参数表”对话框，如图 7-6 所示，然后按要求分别填写“加工参数”，设置方法与轮廓粗车类似，拾取被加工轮廓，得到精加工刀具轨迹如图 7-7 所示。

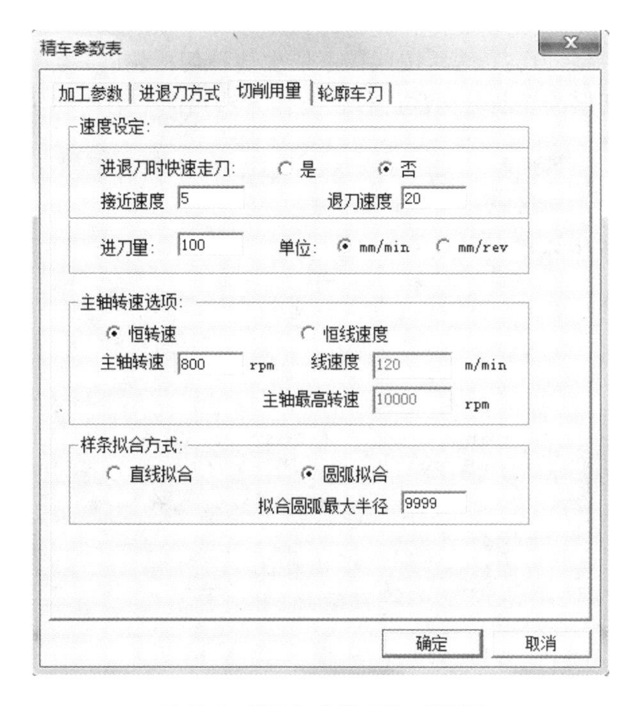

图 7-6 “精车参数表”对话框

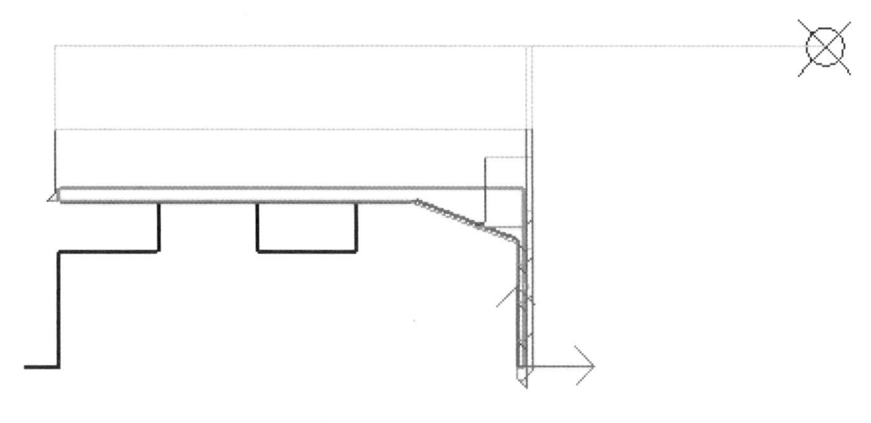

图 7-7 精加工刀具轨迹

3. 切槽

① 切槽刀具参数设置；

② 切槽切削用量设置；

③ 切槽进退刀方式设置；

④ 切槽加工参数表设置。

单击 CAXA 数控车软件的“数控车”菜单，并选择“切槽”，系统弹出“切槽参数表”对话框，按要求分别填写“加工参数”，零件中的槽一刀切不完，需要多次切入，所以“平移步距”需要填写，一般比切刀刀宽小一些，如切刀宽设定为 3 mm，“平移步距”一般选用 2.5 mm，参数如图 7-8 所示。注意：“切槽刀具”参数设置里的“刀刃宽度”要与实际加工刀具宽度一致，“编程刀位点”选择后刀尖，然后按照提示依次选择切槽轮廓，得到切槽加工刀具轨迹如图 7-9 所示。注意：切槽和切断分两次进行，操作方法相同，切槽和切断是两个轨迹。

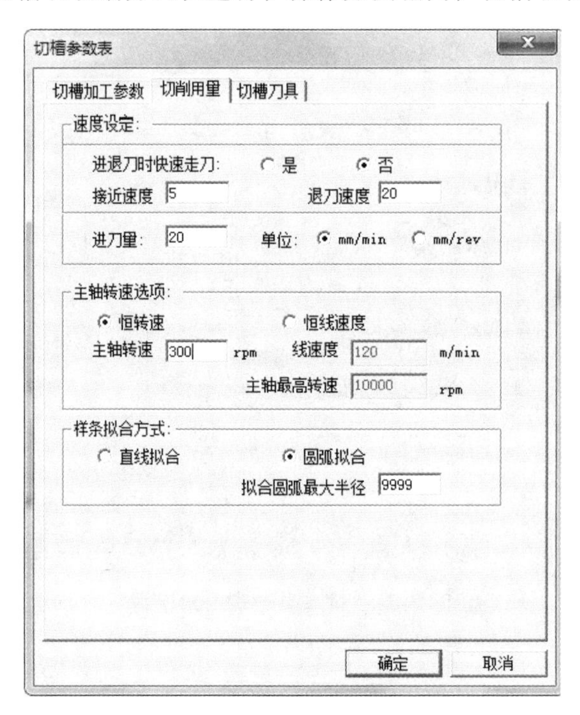

图 7-8 “切槽参数表”对话框

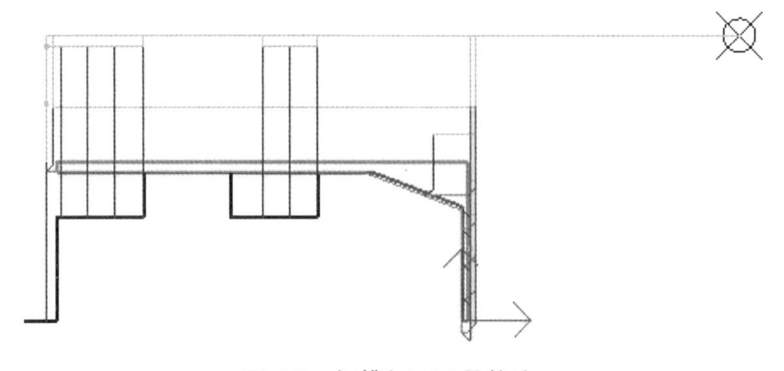

图 7-9 切槽加工刀具轨迹

(五) 轨迹仿真

将得到的刀具轨迹进行仿真验证。单击 CAXA 数控车软件的“数控车”菜单，并选择“轨迹仿真”，选择“二维实体”模式，进入仿真界面，得到仿真结果如图 7-10 所示。

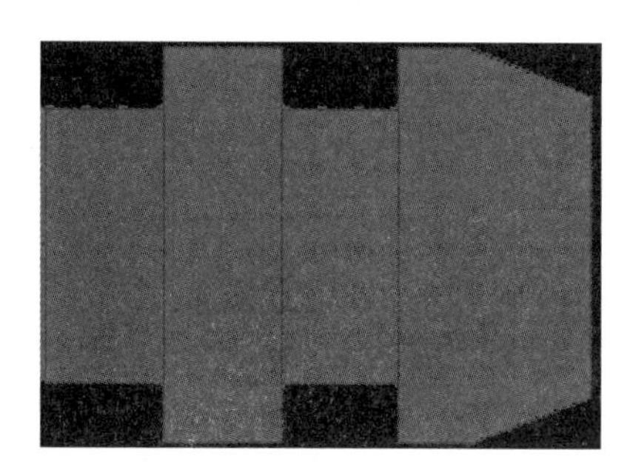

图 7-10 仿真结果

(六) 后置处理

单击 CAXA 数控车软件的“数控车”菜单，依次选择“后置处理设置”和“机床类型设置”，根据实际加工环境进行设置。

(七) G 代码生成

单击 CAXA 数控车软件的“数控车”菜单，单击选择“代码生成”，选中“保存地址”和“对应数控系统”后按照工序依次选择粗加工、精加工、切槽刀具轨迹，得到该零件的加工代码。

该零件的 G 代码如下：

```
O1234
N10 G50 S10000
N12 G00 G97 S600 T11
N14 M03
N16 M08
N18 G00 X50.000 Z50.000
N20 G00 Z1.207
N22 G00 X33.414
N24 G98 G01 X23.414 F5.000
N26 G01 X22.000 Z0.500
N28 G01 Z-3.485 F80.000
N30 G01 X26.000 Z-8.819
N32 G01 Z-22.000
N34 G01 Z-38.000
N36 G01 X27.414 Z-37.293 F20.000
N38 G01 X37.414
N40 G00 Z1.207
N42 G01 X17.414 F5.000
N44 G01 X16.000 Z0.500
N46 G01 Z0.000 F80.000
N60 G01 X10.000 Z0.500
N62 G01 Z0.000 F80.000
N64 G01 X16.000
N66 G01 X14.586 Z0.707 F20.000
N68 G01 X24.586
N70 G00 Z1.207
N72 G01 X5.414 F5.000
N74 G01 X4.000 Z0.500
N76 G01 Z0.000 F80.000
N78 G01 X10.000
N80 G01 X8.586 Z0.707 F20.000
N82 G01 X18.586
N84 G00 Z1.207
N86 G01 X-0.586 F5.000
N88 G01 X-2.000 Z0.500
N90 G01 Z0.000 F80.000
N92 G01 X4.000
N94 G01 X2.586 Z0.707 F20.000
N96 G01 X12.586
N98 G01 X-3.414 F5.000
```

```
N48 G01 X19.386
N50 G01 X22.000 Z-3.485
N52 G01 X22.828 Z-2.575 F20.000
N54 G01 X32.828
N56 G00 Z1.207
N58 G01 X11.414 F5.000
N112 M01
N114 G50 S10000
N116 G00 G97 S800 T22
N118 M03
N120 M08
N122 G00 Z0.707
N124 G00 X37.414
N126 G98 G01 X-3.414 F5.000
N128 G01 X-2.000 Z0.000
N130 G01 X19.386 F100.000
N132 G01 X26.000 Z-8.819
N134 G01 Z-22.000
N136 G01 Z-38.000
N138 G01 X27.414 Z-37.293 F20.000
N140 G01 X37.414
N142 G00 X50.000
N144 G00 Z50.000
N146 M01
N148 G50 S10000
N150 G00 G97 S300 T33
N152 M03
N154 M08
N156 G00 Z-13.000
N158 G00 X48.000
N160 G98 G01 X36.000 F5.000
N162 G01 X18.000 F20.000
N164 G04X0.500
N166 G01 X48.000
N168 G00 Z-15.500
N170 G01 X36.000 F5.000
N172 G01 X18.000 F20.000
N174 G04X0.500
N176 G01 X48.000
N178 G00 Z-18.000
N180 G01 X36.000 F5.000
N182 G01 X18.000 F20.000
N184 G04X0.500
N186 G01 X48.000
N188 G00 X50.000
N190 G00 Z50.000
N272 G01 X28.000
N274 G00 X50.000
N276 G00 Z50.000
N100 G01 X-2.000 Z0.000
N102 G01 X19.386 F80.000
N104 G01 X17.972 Z0.707 F20.000
N106 G01 X33.414
N108 G00 X50.000
N110 G00 Z50.000
N192 M01
N194 G50 S10000
N196 G00 G97 S300 T30
N198 M03
N200 M08
N202 G00 Z-29.000
N204 G00 X48.000
N206 G98 G01 X36.000 F5.000
N208 G01 X18.000 F20.000
N210 G04X0.500
N212 G01 X48.000
N214 G00 Z-31.500
N216 G01 X36.000 F5.000
N218 G01 X18.000 F20.000
N220 G04X0.500
N222 G01 X48.000
N224 G00 Z-34.000
N226 G01 X36.000 F5.000
N228 G01 X18.000 F20.000
N230 G04X0.500
N232 G01 X48.000
N234 G00 Z-36.500
N236 G01 X36.000 F5.000
N238 G01 X18.000 F20.000
N240 G04X0.500
N242 G01 X48.000
N244 G00 Z-38.000
N246 G01 X36.000 F5.000
N248 G01 X14.000 F20.000
N250 G04X0.500
N252 G01 X48.000
N254 G01 X38.000 F5.000
N256 G01 X26.000
N258 G01 X4.000 F20.000
N260 G04X0.500
N262 G01 X38.000
N264 G01 X28.000 F5.000
N266 G01 X16.000
N268 G01 X0.000 F20.000
N270 G04X0.500
N278 M09
N280 M30
%
```

思考与练习

一、填空题

1. CAXA 数控车中如果轨迹重叠看不清，可以借助__________________功能，将暂时不需要的轨迹隐藏。

2. CAXA 数控车的仿真模式有 3 种，分别是________________、__________________和__________________。

3. CAXA 数控车的“机床设置”中，“$G50 $ $SPN_F $MAX_SPN_SPEED”字符串的意思是____。

二、上机练习题

1. 利用 CAXA 数控车软件，完成图 7-11 所示零件的自动编程，毛坯为 $\phi28\times80$ 的 45 钢棒料，试确定其加工工艺并生成加工程序。

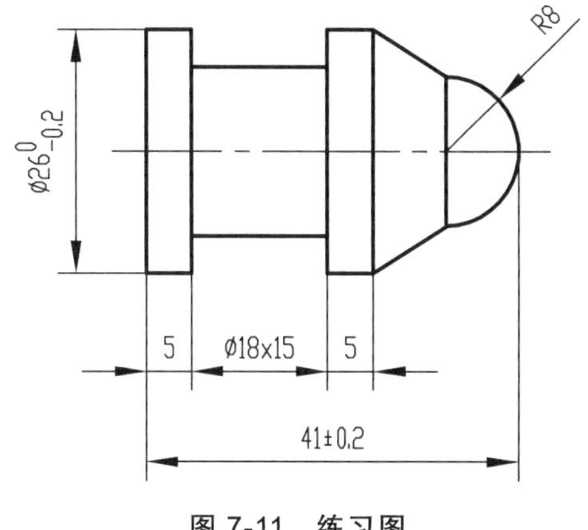

图 7-11 练习图

2. 利用 CAXA 数控车软件，完成图 7-12 所示零件的自动编程，毛坯为 $\phi28\times80$ 的 45 钢棒料，试确定其加工工艺并生成加工程序。

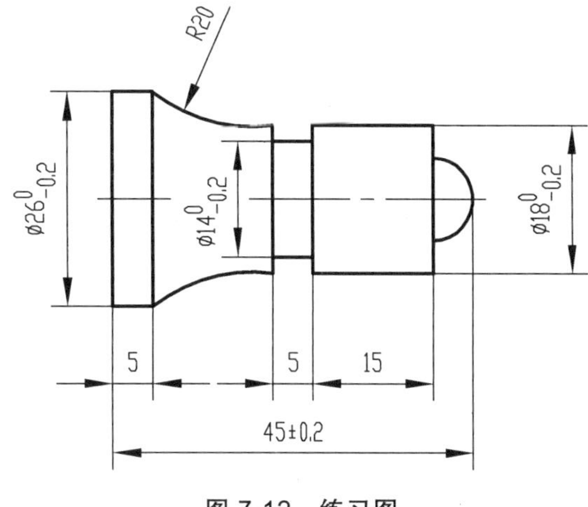

图 7-12 练习图

第八章　螺纹零件加工实例

项目　螺纹零件加工

一、任务布置

利用 CAXA 数控车软件，完成图 8-1 所示螺纹零件的自动编程，毛坯为 $\phi28\times80$ 的 45 钢棒料，并生成 G 代码。

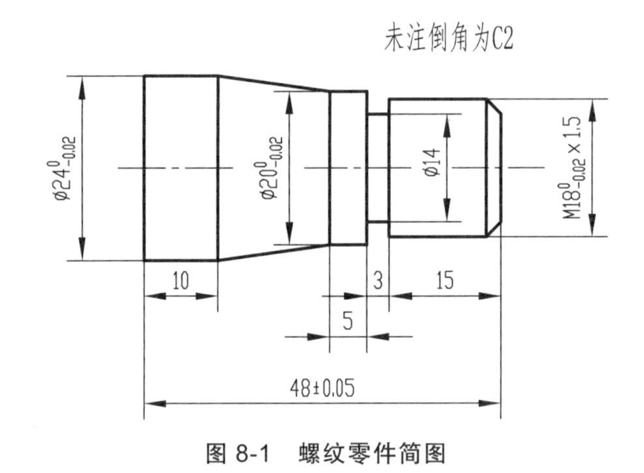

图 8-1　螺纹零件简图

二、任务分析

该零件为槽零件，经过分析，应先进行零件建模，然后进行刀具轨迹生成、仿真验证和 G 代码生成。本次任务要依次用到轮廓粗车、轮廓精车、切槽、螺纹指令。轮廓粗车需要确定被加工轮廓和毛坯轮廓，被加工轮廓就是加工结束后的工件表面轮廓，毛坯轮廓就是加工前毛坯的表面轮廓。被加工轮廓和毛坯轮廓两端点首尾分别相连，形成一个封闭的加工区域，被加工轮廓和毛坯轮廓不能单独闭合或自己相交，螺纹指令需要指定螺纹起刀点和退刀点，还需要计算螺纹深度。为了使 G 代码能够直接在实际机床上使用，零件建模后需要先建立工件坐标系，设立进退刀点。

三、任务实施

(一) 零件建模

① 单击主菜单中的【绘图】→【孔/轴】命令，或单击“孔/轴”图标，选择“轴_直接给出角度”方式，中心线角度为 0°，在绘图区任意选择一点，根据提示在“起始直径”和“终止直径”两个框中填入直径值 24，然后输入长度 10，画出第一段阶梯轴；然后用相同的方法

依次做出后面的阶梯轴。注意：根据螺纹参数查表，M18 螺纹段的螺纹直径必须是 ϕ17.8。

② 单击主菜单中的【修改】→【过渡】命令，或单击“过渡”图标，选择“倒角”方式，输入“长度”为 2，“角度”为 45°，依次点击右边 M18 螺纹的两个直角，得到如图 8-1 所示图形。

(二) 工艺处理

1. 建立工件坐标系

为了使 G 代码能够直接在实际机床上使用，需要建立工件坐标系。用鼠标左键将零件图形全部框选，然后点击鼠标右键，选择“平移”指令，根据左下角命令提示栏提示，选择“给定两点_保持原态_非正交”方式，根据提示将零件右端面中心移至坐标原点。

2. 设定进退刀点

点击主菜单中的“格式”，在下拉菜单中点击“点样式”，任意选择一种样式；点击绘图指令“点”，输入坐标（50，50），得到图形如图 8-2 所示，该点为程序进退刀点。

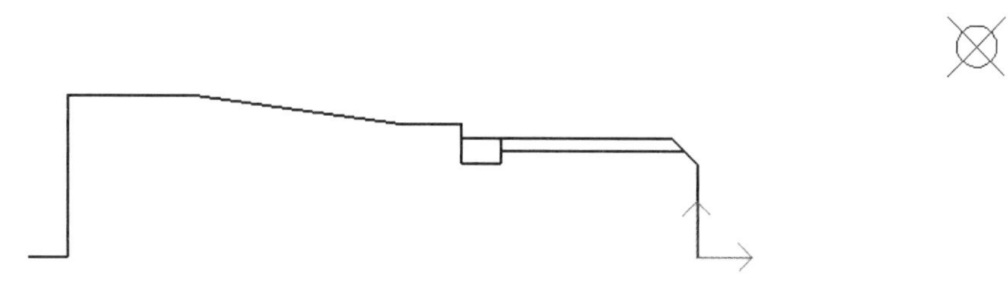

图 8-2　设定进退刀点

3. 图形处理

画出零件毛坯和最后切槽的轨迹并将多余的线进行处理。将多余的零件轮廓线删除，只留零件表面轮廓。选择“直线”命令，选择“两点线_连续_正交”方式，依次向右作直线长度为 0.5（端面加工余量），向上作直线长度为 14（毛坯半径），向左作直线长度为 48.5（零件总长度+端面加工余量），向下与轴 ϕ24 左上端点延长线相连，形成一个封闭的加工区域；重复“直线”命令，将中间 $\phi14\times3$ 槽填平；重复“直线”命令，在 ϕ28 阶梯轴左端面中心向右作直线长度为 3（切刀宽度）。

为了区分不同的工艺工步，用不同颜色的线将图形再次进行处理，得到结果如图 8-3 所示。绿色：代表毛坯轮廓。粉色：代表粗、精加工轮廓。蓝色：代表切槽轮廓。

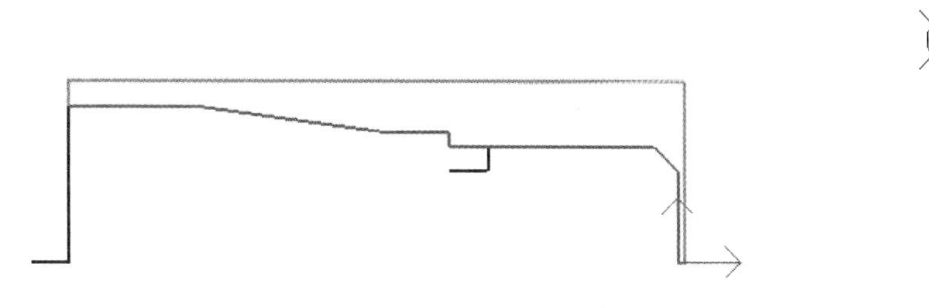

图 8-3　图形处理结果

(三) 制定加工工艺

① 首先使用粗车刀进行粗车加工。

② 其次使用精车刀进行精车加工。

③ 最后使用 3 mm 的切刀进行切断加工。

(四) 轨迹生成

1. 轮廓粗车

① 粗车刀具参数设置；
② 粗车切削用量设置；
③ 粗车进退刀方式设置；
④ 粗车加工参数表设置。

单击 CAXA 数控车软件的“数控车”菜单，并选择“轮廓粗车”，系统弹出“粗车参数表”对话框，然后按要求分别填写“加工参数”，“加工方式”选择行切方式，“进退刀方式”在外轮廓加工中一般设置为默认值，内轮廓加工时可根据实际情况设置，避免撞刀。“切削用量”设置参数如图 8-4 所示。注意：轮廓车刀刀具号和刀补号必须保持一致。

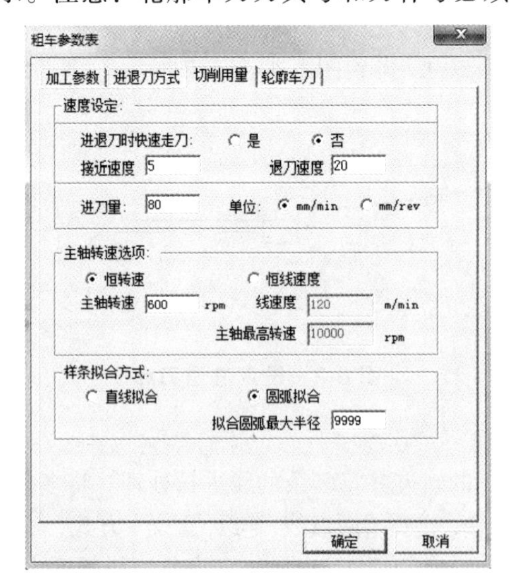

图 8-4　“切削用量”参数设置

参数设置好后系统提示拾取被加工轮廓，一般采用“单个拾取”或者“限制链拾取”，将被加工轮廓和毛坯轮廓区分开来。拾取第一条轮廓线后选取方向，依次拾取加工轮廓，回车后再依次拾取毛坯轮廓，两个轮廓首末端分别相连，形成一个封闭的加工区域。将进退刀点确定在预先设置好的点上，得到粗加工刀具轨迹如图 8-5 所示。

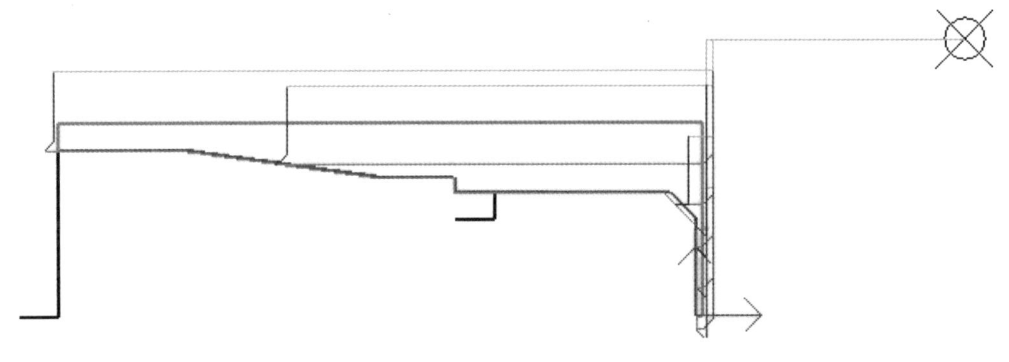

图 8-5　粗加工刀具轨迹

2. 轮廓精车

① 精车刀具参数设置；

② 精车切削用量设置；

③ 精车进退刀方式设置；

④ 精车加工参数表设置。

单击 CAXA 数控车软件的“数控车”菜单，并选择“轮廓精车”，系统弹出“精车参数表”对话框，如图 8-6 所示，然后按要求分别填写“加工参数”。设置方法与轮廓粗车类似，拾取被加工轮廓，得到精加工刀具轨迹如图 8-7 所示。

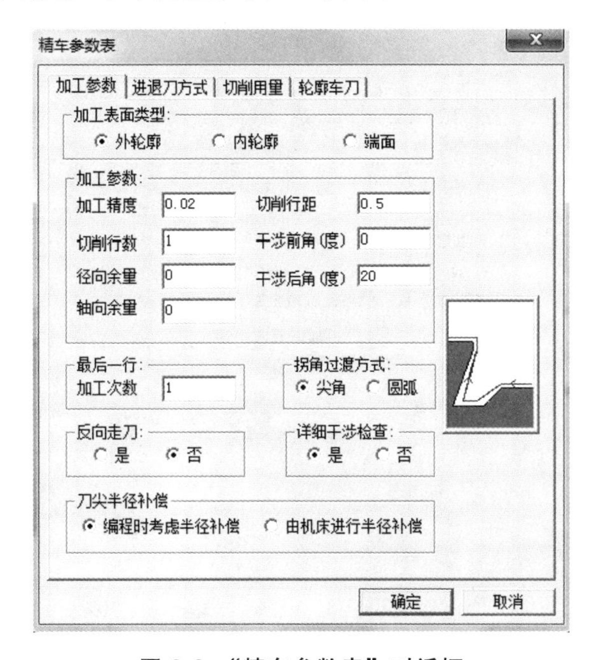

图 8-6 “精车参数表”对话框

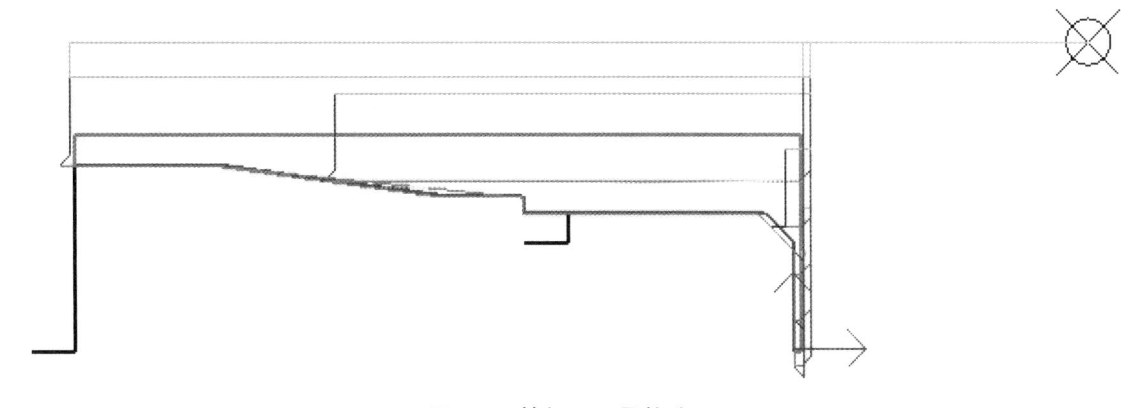

图 8-7 精加工刀具轨迹

3. 切槽

① 切槽刀具参数设置；

② 切槽切削用量设置；

③ 切槽进退刀方式设置；

④ 切槽加工参数表设置。

单击 CAXA 数控车软件的“数控车”菜单，并选择“切槽”，系统弹出“切槽参数表”对话框，按要求分别填写“加工参数”，参数如图 8-8 所示。注意：“切槽刀具”参数设置里的“刀刃宽度”要与实际加工刀具宽度一致，“编程刀位点”选择后刀尖，然后按照提示依次选择切槽轮廓，得到切槽加工刀具轨迹如图 8-9 所示。注意：切槽和切断分两次进行，操作方法相同，切槽和切断是两个轨迹。

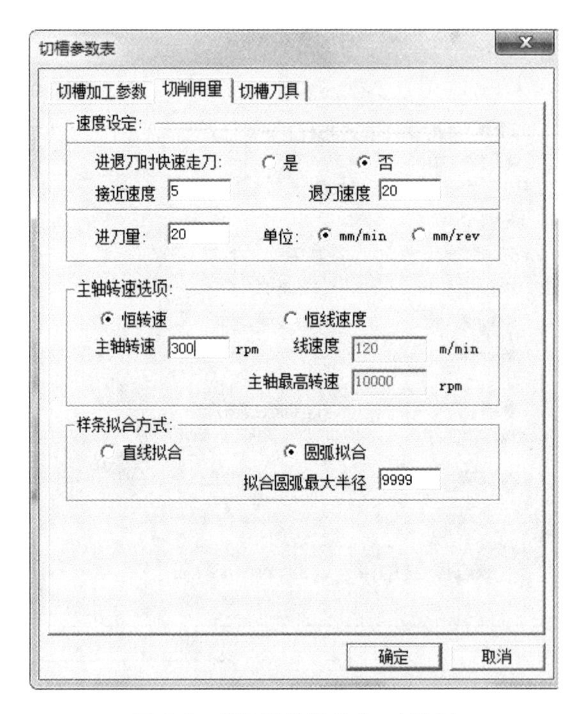

图 8-8 “切槽参数表”对话框

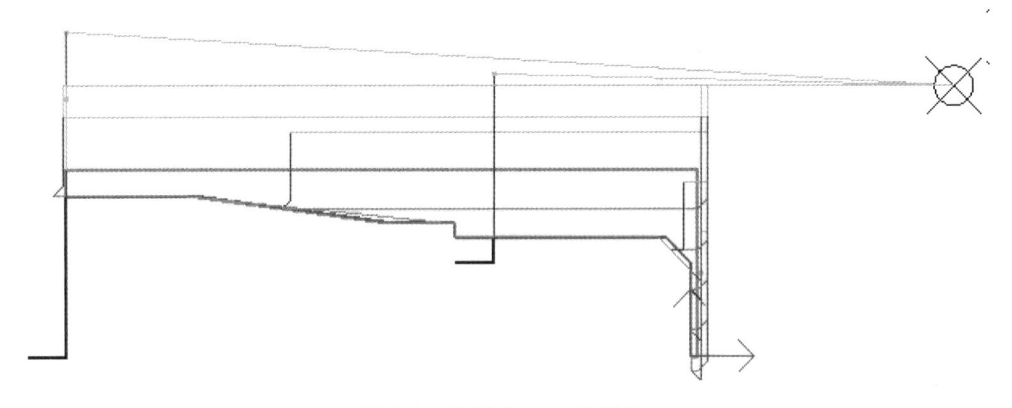

图 8-9 切槽加工刀具轨迹

4. 螺纹

螺纹加工可分为非固定循环和固定循环两种方式。

车螺纹为非固定循环方式加工螺纹，这种加工方式可适应螺纹加工中的各种工艺条件，能对加工方式进行更为灵活的控制；而固定循环方式加工螺纹，输出的代码适用于西门子840C/840控制器。此处我们采用车螺纹加工方式。

① 画出螺纹加工起点、终点，用黑色线条表示，起点线长度为3，终点线长度为1.5。

② 单击主菜单中的【数控车】→【车螺纹】命令，或单击数控车工具栏中的“车螺纹”图标。根据系统提示，依次拾取螺纹起点、终点。

③ 拾取完毕，弹出“螺纹参数表”对话框，如图8-10所示。

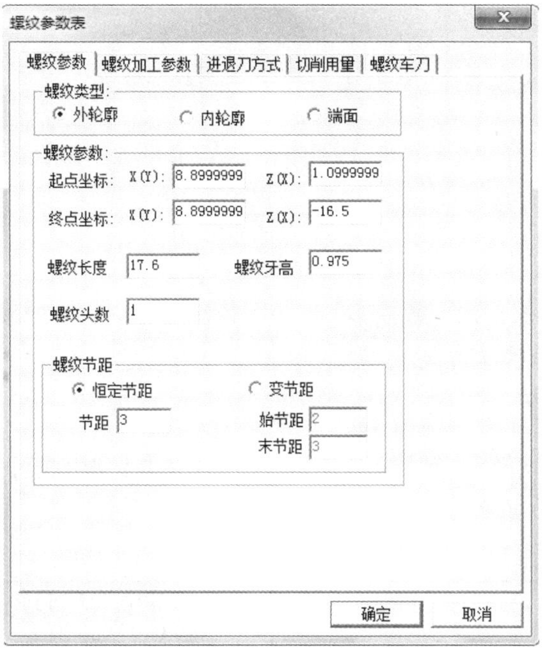

图8-10 “螺纹参数表”对话框

各参数意义如下：

粗加工　直接采用粗切方式加工螺纹。

粗加工+精加工　根据指定的粗加工深度进行粗切后，再采用精切方式（如采用更小的行距）切除剩余余量（精加工深度）。

精加工深度　螺纹精加工的切深量。

粗加工深度　螺纹粗加工的切深量。

恒定行距　每一切削行的间距保持恒定。

恒定切削面积　为保证每次切削的切削面积恒定，各次切削深度将逐步减小，直至等于最小行距。用户需指定第一刀行距及最小行距。吃刀深度规定：第n刀的吃刀深度为第1刀的吃刀深度的$\sqrt{n}$倍。

末行走刀次数　为提高加工质量，最后一个切削行有时需要重复走刀多次，此时需要指定重复走刀次数。

每行切入方式　刀具在螺纹始端切入时的切入方式。刀具在螺纹末端的退出方式与切入方式相同。

参数填写完毕，单击“确定”按钮，即生成螺纹加工刀具轨迹如图8-11所示。

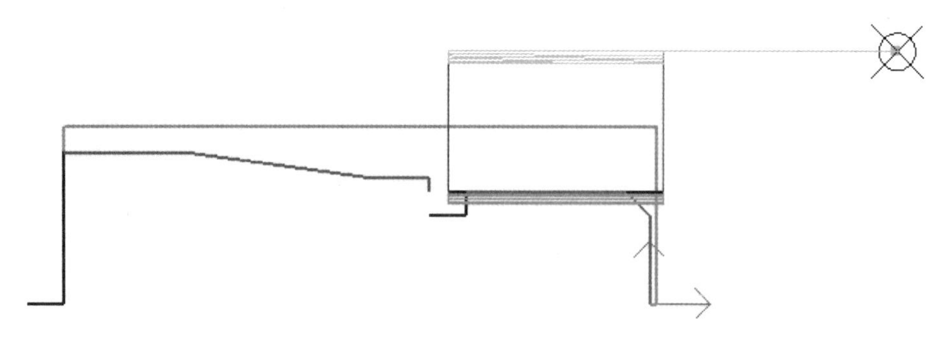

图 8-11　螺纹加工刀具轨迹

(五) 轨迹仿真

螺纹加工不能进行仿真。

(六) 后置处理

单击 CAXA 数控车软件的“数控车”菜单，依次选择“后置处理设置”和“机床类型设置”，根据实际加工环境进行设置。

(七) G 代码生成

单击 CAXA 数控车软件的“数控车”菜单，单击选择“代码生成”，选中“保存地址”和“对应数控系统”后按照工序依次选择粗加工、精加工、切槽刀具轨迹，得到该零件的加工代码。

该零件的 G 代码如下：

```
O1234
N10 G50 S10000
N12 G00 G97 S600 T11
N14 M03
N16 M08
N18 G00 X50.000 Z50.000
N20 G00 Z1.207
N22 G00 X33.414
N24 G98 G01 X23.414 F5.000
N26 G01 X22.000 Z0.500
N28 G01 Z-31.434 F80.000
N30 G01 X24.000 Z-38.934
N32 G01 Z-49.000
N34 G01 X25.414 Z-48.293 F20.000
N36 G01 X35.414
N38 G00 Z1.207
N40 G01 X17.414 F5.000
N42 G01 X16.000 Z0.500
N44 G01 Z-1.586 F80.000
N46 G01 X17.800 Z-2.486
N48 G01 Z-16.000
N50 G01 Z-18.000
N52 G01 X20.000
N54 G01 Z-23.934
N56 G01 X22.000 Z-31.434
N58 G01 X23.215 Z-30.639 F20.000
N60 G01 X33.215
N62 G00 Z1.207
N64 G01 X11.414 F5.000
N66 G01 X10.000 Z0.500
N68 G01 Z0.000 F80.000
N70 G01 X12.828
N72 G01 X16.000 Z-1.586
N74 G01 Z-0.586 F20.000
N76 G01 X26.000
N78 G00 Z1.207
N80 G01 X5.414 F5.000
N82 G01 X4.000 Z0.500
N84 G01 Z0.000 F80.000
N86 G01 X10.000
N88 G01 X8.586 Z0.707 F20.000
N90 G01 X18.586
N92 G00 Z1.207
N94 G01 X-0.586 F5.000
N96 G01 X-2.000 Z0.500
N98 G01 Z0.000 F80.000
N100 G01 X4.000
N102 G01 X2.586 Z0.707 F20.000
N104 G01 X12.586
N106 G01 X-3.414 F5.000
```

```
N108 G01 X-2.000 Z0.000
N110 G01 X12.828 F80.000
N112 G01 X11.414 Z0.707 F20.000
N114 G01 X33.414
N116 G00 X50.000
N118 G00 Z50.000
N120 M01
N122 G50 S10000
N124 G00 G97 S600 T22
N126 M03
N128 M08
N130 G00 Z0.707
N132 G00 X35.414
N134 G98 G01 X-3.414 F5.000
N136 G01 X-2.000 Z0.000
N138 G01 X12.828 F80.000
N140 G01 X17.800 Z-2.486
N142 G01 Z-16.000
N144 G01 Z-18.000
N146 G01 X19.810
N148 G01 X24.000 Z-38.950
N150 G01 Z-49.000
N152 G01 X25.414 Z-48.293 F20.000
N154 G01 X35.414
N156 G00 X50.000
N158 G00 Z50.000
N160 M01
N162 G50 S10000
N164 G00 G97 S300 T33
N166 M03
N168 M08
N170 G00 X41.800 Z-15.000
N172 G98 G01 X29.800 F5.000
N174 G01 X14.000 F20.000
N176 G04X0.500
N178 G01 X41.800
N180 G00 X50.000 Z50.000
N182 M01
N184 G50 S10000
N186 G00 G97 S300 T44
N188 M03
N190 M08
N192 G00 Z1.100
N194 G00 X39.600
N284 G01 X17.800
N286 G01 X18.000
N288 G01 X38.000
N290 G00 X50.000
N292 G00 Z50.000
N294 M01
N296 G50 S10000
N298 G00 G97 S300 T33
N300 M03
N302 M08
N304 G00 X48.000 Z-48.000
N306 G98 G01 X36.000 F5.000
N308 G01 X14.000 F20.000
N310 G04X0.500
N312 G01 X48.000
```

```
N196 G98 G01 X19.600 F5.000
N198 G01 X19.400
N200 G01 X17.450 F20.000
N202 G33 Z-16.500 K3.000
N204 G01 X19.400
N206 G01 X19.600
N208 G01 X39.600
N210 G00 X39.200 Z1.100
N212 G01 X19.200 F5.000
N214 G01 X19.000
N216 G01 X17.050 F20.000
N218 G33 Z-16.500 K3.000
N220 G01 X19.000
N222 G01 X19.200
N224 G01 X39.200
N226 G00 X38.800 Z1.100
N228 G01 X18.800 F5.000
N230 G01 X18.600
N232 G01 X16.650 F20.000
N234 G33 Z-16.500 K3.000
N236 G01 X18.600
N238 G01 X18.800
N240 G01 X38.800
N242 G00 X38.400 Z1.100
N244 G01 X18.400 F5.000
N246 G01 X18.200
N248 G01 X16.250 F20.000
N250 G33 Z-16.500 K3.000
N252 G01 X18.200
N254 G01 X18.400
N256 G01 X38.400
N258 G00 X38.000 Z1.100
N260 G01 X18.000 F5.000
N262 G01 X17.800
N264 G01 X15.850 F20.000
N266 G33 Z-16.500 K3.000
N268 G01 X17.800
N270 G01 X18.000
N272 G01 X38.000
N274 G00 Z1.100
N276 G01 X18.000 F5.000
N278 G01 X17.800
N280 G01 X15.850 F20.000
N282 G33 Z-16.500 K3.000
N314 G01 X38.000 F5.000
N316 G01 X26.000
N318 G01 X4.000 F20.000
N320 G04X0.500
N322 G01 X38.000
N324 G01 X28.000 F5.000
N326 G01 X16.000
N328 G01 X0.000 F20.000
N330 G04X0.500
N332 G01 X28.000
N334 G00 X50.000
N336 G00 Z50.000
N338 M09
N340 M30
%
```

思考与练习

一、填空题

1. CAXA 数控车的螺纹加工有两种方式，分别是________________和_________________。

2. 螺纹加工时，螺纹底径的计算公式是____。

3. 为提高加工质量，螺纹加工时最后一个切削行有时需要重复走刀多次，此时需要指定____________________________________。

4. 普通三角螺纹加工时，选用的螺纹刀角度是____________。

二、上机练习题

1. 利用 CAXA 数控车软件，完成图 8-12 所示零件的自动编程，毛坯为 $\phi 28\times100$ 的 45 钢棒料，试确定其加工工艺并生成加工程序。

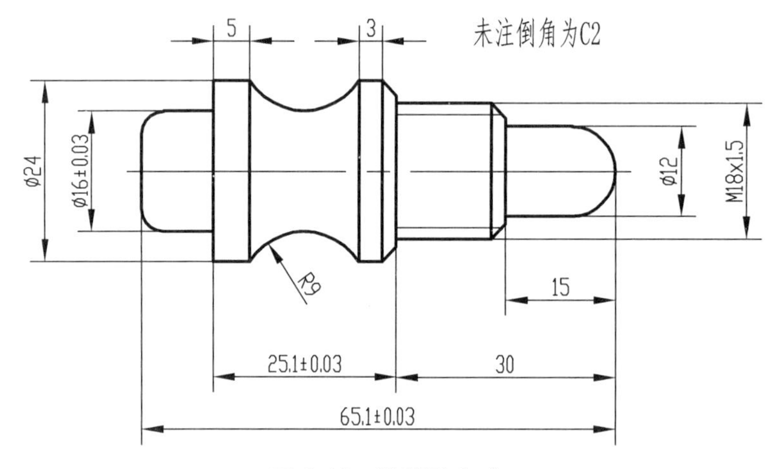

图 8-12　练习图（1）

2. 利用 CAXA 数控车软件，完成图 8-13 所示零件的自动编程，毛坯为 $\phi 32\times110$ 的 45 钢棒料，试确定其加工工艺并生成加工程序。

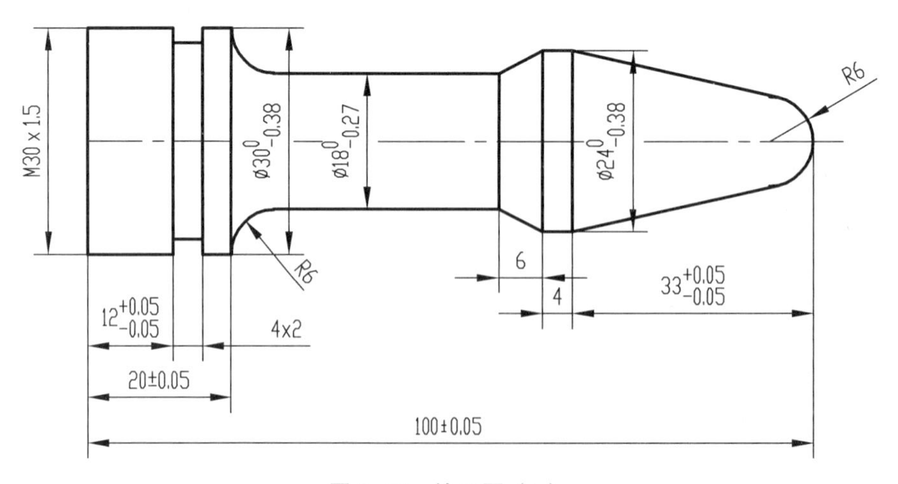

图 8-13　练习图（2）

第九章　内孔类零件加工实例

项目　内孔零件加工

一、任务布置

利用 CAXA 数控车软件，完成图 9-1 所示零件的自动编程，毛坯为 $\phi50\times80$ 的 45 钢棒料，并生成 G 代码。

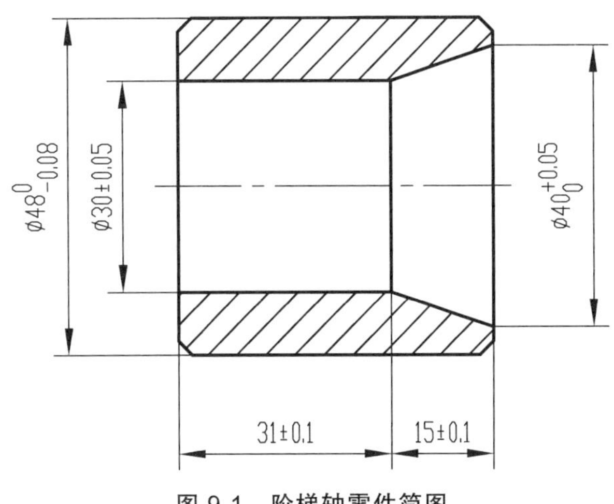

图 9-1　阶梯轴零件简图

二、任务分析

该零件属于内孔类零件，在车削时，利用自定心卡盘装夹毛坯一端，先车 $\phi50$ 端面，中心钻加工导引孔，钻 $\phi24$ 孔，再粗车、精车 $\phi48$ 外圆轮廓。粗车内孔轮廓，粗车部分留一定余量（0.5 mm）给精加工，有倒角的地方系统会沿着绘制的轮廓自动完成，不必单独给出加工方法，然后精车 $\phi30$ 孔以及锥面，最后用切刀切断零件，保证总长为 46 mm。

三、任务实施

(一) 零件建模

点击指令“孔/轴”键，选择“轴-直接给出角度”方式，中心线角度为0°，在绘图区任意选择一点，根据提示在“起始直径”和“终止直径”两个框中填入直径值 48，输入长度为46，画出外圆轮廓；点击指令“孔/轴”键，选择“孔-直接给出角度”方式，选择左端面圆心作为插入点，根据提示在“起始直径”和“终止直径”两个框中填入直径值 30，输入长度为31；提示“起始直径”和“终止直径”两个框中填入直径值30 和40，输入长度为15，最后填充剖面线，得到图 9-2 所示图形。

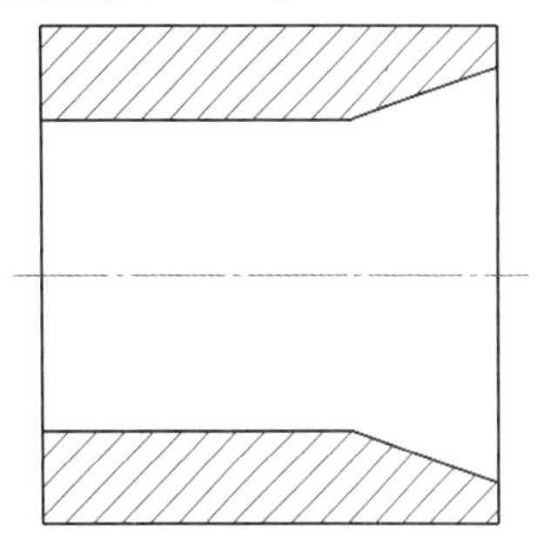

图 9-2　零件轮廓

(二) 工艺处理

1. 建立工件坐标系

为了使 G 代码能够直接在实际机床上使用，需要建立工件坐标系。用鼠标左键将零件图形全部框选，然后点击鼠标右键，选择“平移”指令，根据左下角命令提示栏提示，选择“给定两点-保持原态-非正交”方式，“旋转角度”为 0°，“比例”为 1；根据提示“第一点”选择 ϕ48 轴右端面中心，“第二点”选择坐标原点，得到结果如图 9-3 所示。

2. 设定进退刀点

点击主菜单里的“格式”，在下拉菜单中点击“点样式”，任意选择一种样式；点击绘图指令“点”，输入坐标（50, 50），得到图形如图 9-4 所示，该点为程序进退刀点。

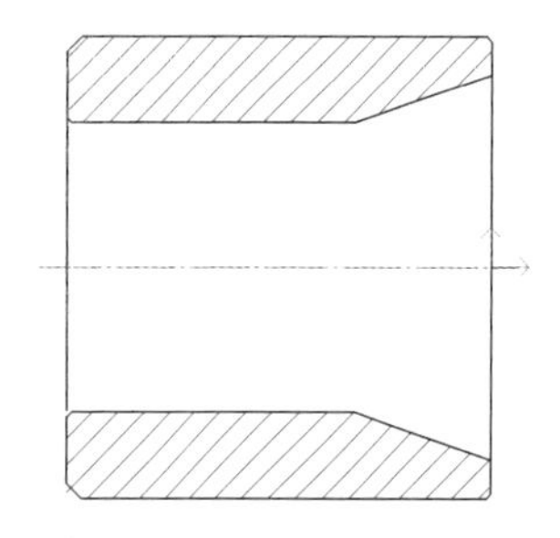

图 9-3　建立工件坐标系

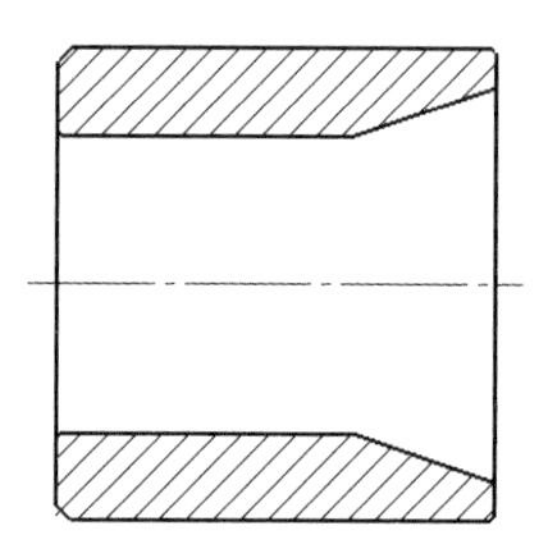

图 9-4　设定进退刀点

3. 图形处理

画出零件毛坯和最后切槽的轨迹并将多余的线进行处理。将多余的零件轮廓线删除，只留零件表面轮廓。选择“直线”命令，选择“两点线-连续-正交”方式，依次向右作直线长度为 0.5（端面加工余量），向上作直线长度为 13（钻孔半径），向左作直线长度为 46.5（镗孔深度+端面加工余量），向上与零件 ϕ30 左上端点相连；重复“直线”命令，在 ϕ48 阶梯轴左端面中心向右作直线长度为 3（切刀宽度）。

为了区分不同的工艺工步，用不同颜色的线将图形再次进行处理，得到结果如图 9-5 所示。绿色：代表毛坯轮廓。粉色：代表粗、精加工轮廓。蓝色：代表切槽轮廓。

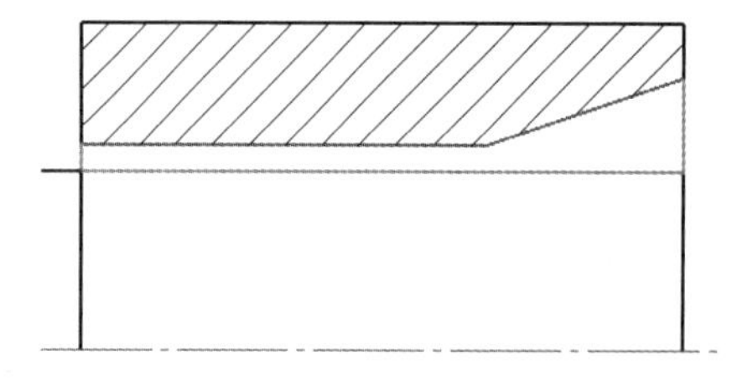

图 9-5　图形处理结果

(三) 制定加工工艺

① 首先使用粗车刀进行粗车加工。
② 其次使用精车刀进行精车加工。
② 最后使用 3 mm 的切刀进行切断加工。

(四) 轨迹生成

1. 轮廓粗车

① 粗车刀具参数设置；

② 粗车切削用量设置；

③ 粗车进退刀方式设置；

④ 粗车加工参数表设置。

单击 CAXA 数控车软件的“数控车”菜单，并选择“轮廓粗车”，如图 9-6 所示，系统弹出“粗车参数表”对话框，如图 9-7 所示，然后按要求分别填写“加工参数”，“加工方式”为“行切方式”。“进退刀方式”在外轮廓加工中一般设置为默认值，内轮廓加工时可根据实际情况设置，避免撞刀。“切削用量”和“轮廓车刀”参数设置如图 9-8、图 9-9 所示。注意：轮廓车刀刀具号和刀补号必须保持一致。

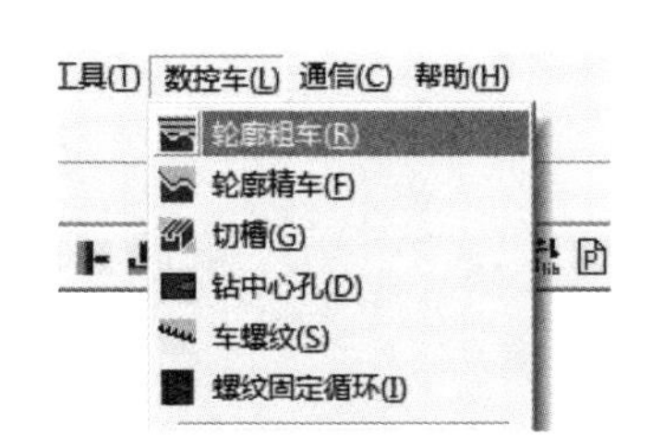

图 9-6 “轮廓粗车”菜单

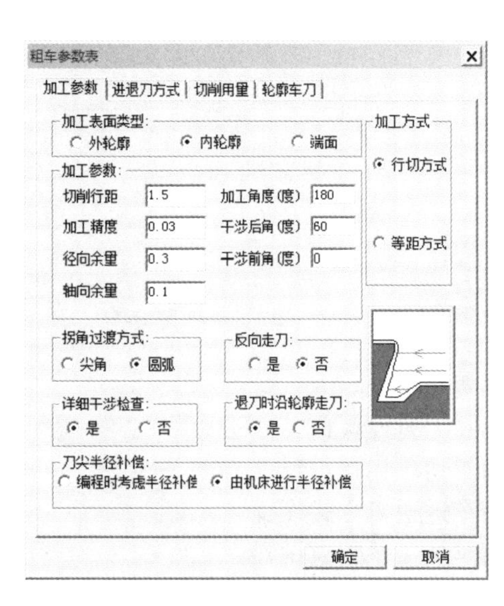

图 9-7 “粗车参数表”对话框

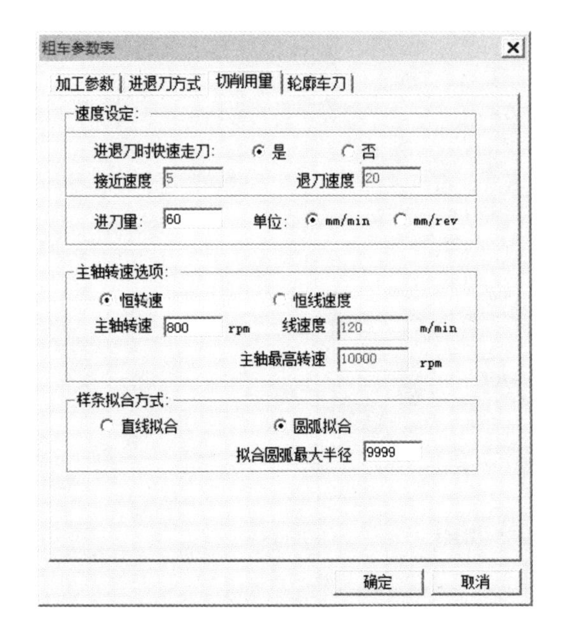

图 9-8 “切削用量”参数设置

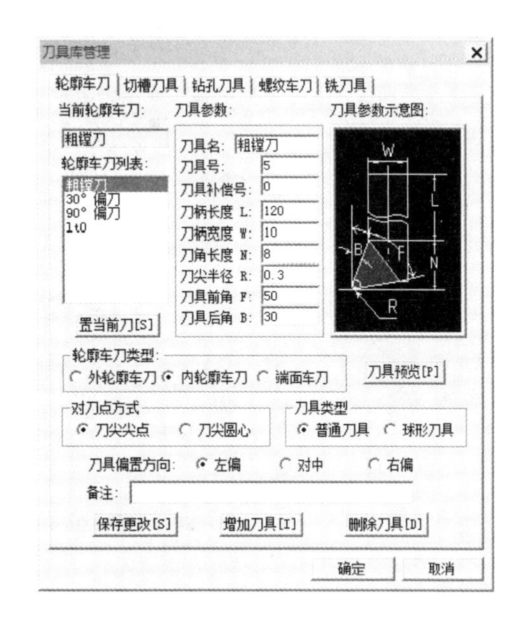

图 9-9 “轮廓车刀”参数设置

系统提示用户拾取被加工工件表面轮廓，系统默认拾取方式为“链拾取”。系统提供 3 种拾取方式供用户选择，具体采用什么方法，与用户的画图方法有直接关系。若被加工轮廓与毛坯轮廓首尾相连，采用“链拾取”会将加工轮廓与毛坯轮廓混在一起，显然，把外轮廓一同拾取是不正确的。

如果选择“限制链拾取”，也容易出现混乱的情况，造成拾取不正确。采用“单个拾取”，则可以很容易地将被加工轮廓与毛坯轮廓区分开。拾取第一条轮廓线后选取方向，依次拾取被加工轮廓，回车后再依次拾取毛坯轮廓，两个轮廓首末端分别相连，形成一个封闭的加工区域。将进退刀点确定在预先设置好的点上，得到粗加工刀具轨迹如图 9-10 所示。

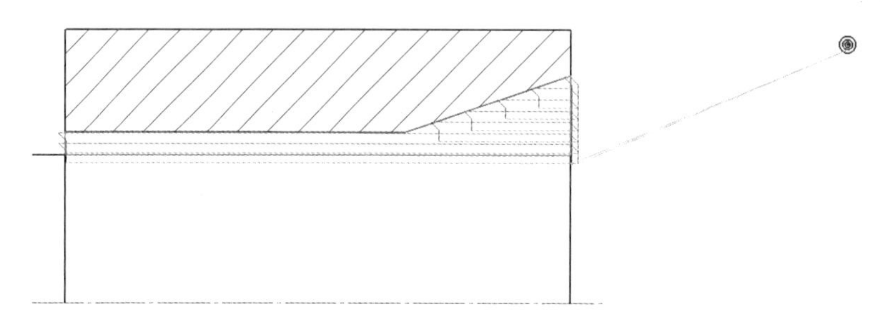

图 9-10　粗加工刀具轨迹

2. 轮廓精车

① 精车刀具参数设置；

② 精车切削用量设置；

③ 精车进退刀方式设置；

④ 精车加工参数表设置。

单击 CAXA 数控车软件的“数控车”菜单，并选择“轮廓精车”，系统弹出“精车参数表”对话框，如图 9-11 所示，然后按要求分别填写“加工参数”。设置方法与轮廓粗车类似，拾取被加工轮廓，得到精加工刀具轨迹如图 9-12 所示。

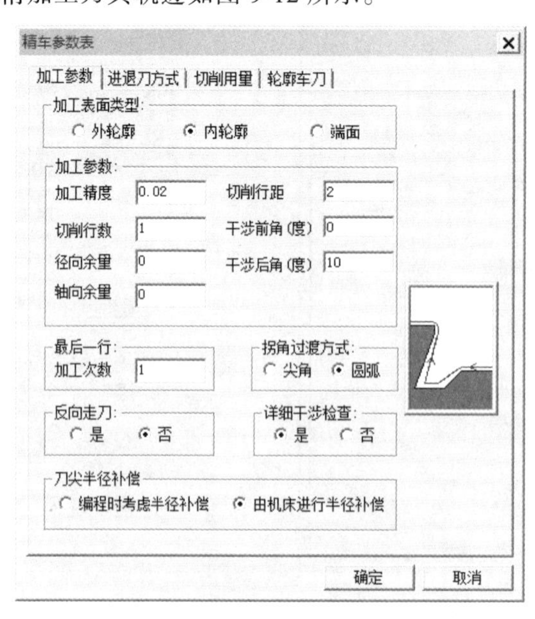

图 9-11　“精车参数表”对话框

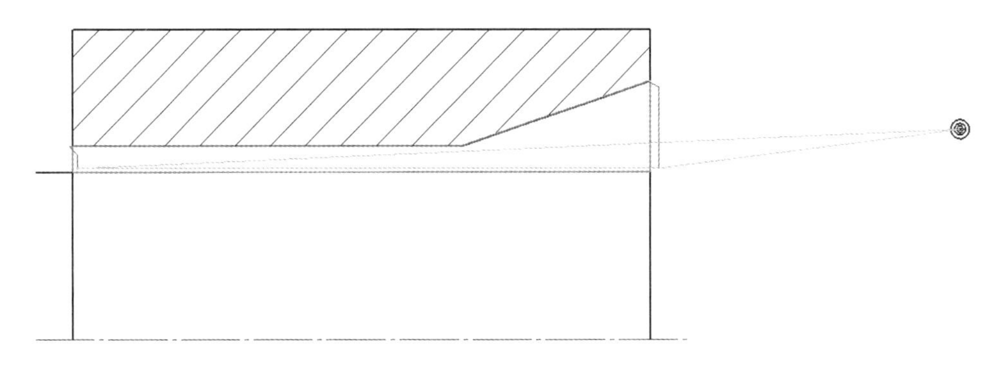

图 9-12　精加工刀具轨迹

3. 切槽

① 切槽刀具参数设置；

② 切槽切削用量设置；

③ 切槽进退刀方式设置；

④ 切槽加工参数表设置。

单击 CAXA 数控车软件的“数控车”菜单，并选择“切槽”，系统弹出“切槽参数表”对话框，按要求分别填写“加工参数”，如图 9-13 所示。注意：“切槽刀具”参数设置里的“刀刃宽度”要与实际加工刀具宽度一致，“编程刀位点”选择后刀尖，如图 9-14 所示。

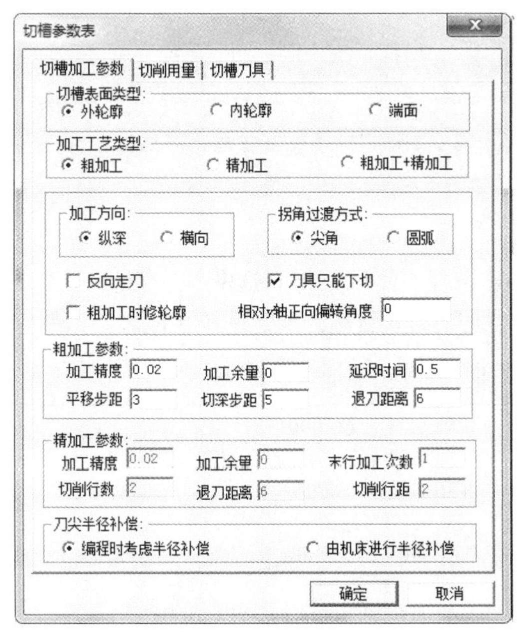

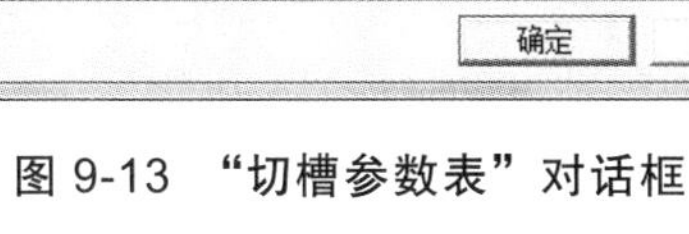

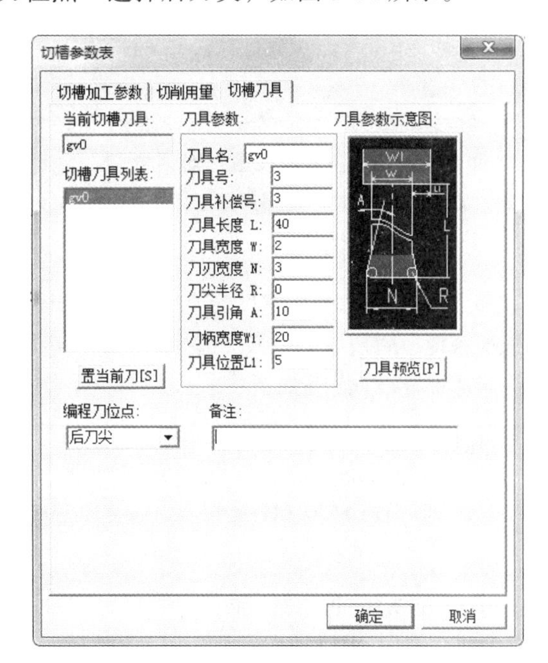

图 9-13　“切槽参数表”对话框　　　　图 9-14　“切槽刀具”参数设置

(五) 轨迹仿真

将得到的刀具轨迹进行仿真验证。单击 CAXA 数控车软件的“数控车”菜单，并选择“轨迹仿真”，选择“二维实体”模式，进入仿真界面。

(六) 后置处理

单击 CAXA 数控车软件的“数控车”菜单，依次选择“后置处理设置”和“机床类型设置”，根据实际加工环境进行设置，如图 9-15、图 9-16 所示。

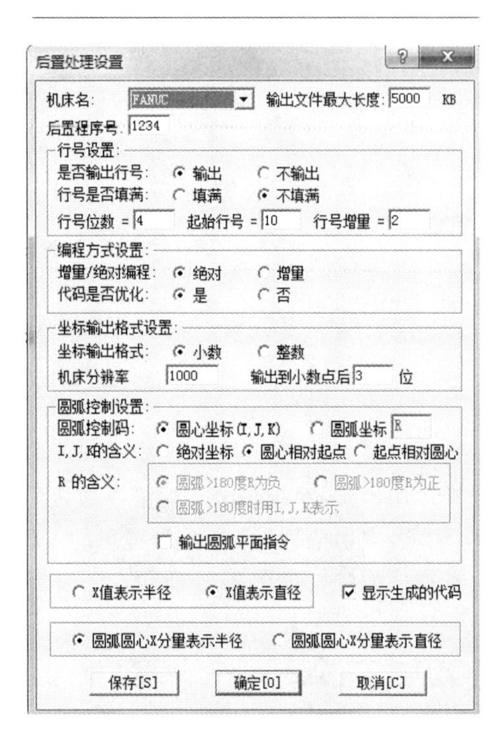

图 9-15 “后置处理设置”对话框

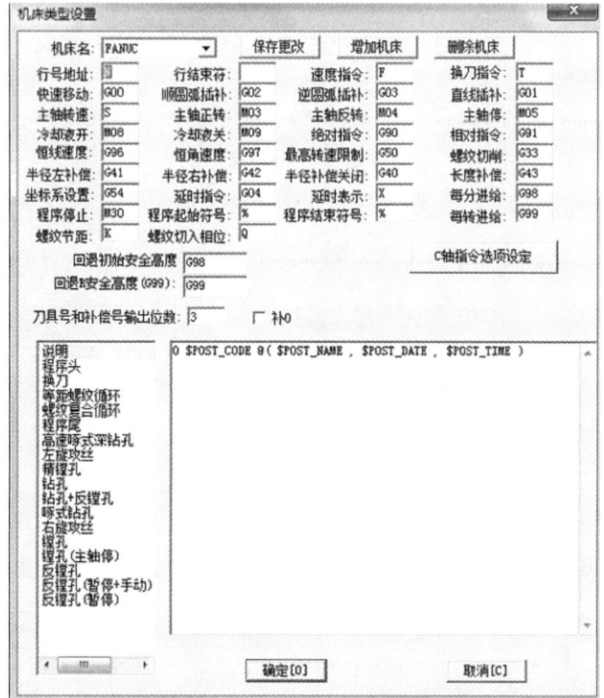

图 9-16 “机床类型设置”对话框

(七) G 代码生成

单击 CAXA 数控车软件的“数控车”菜单，单击选择“代码生成”，选中“保存地址”和“对应数控系统”后按照工序依次选择粗加工、精加工、切槽刀具轨迹，得到该零件的加工代码。

该零件的 G 代码如下：

```
O1234
N10 G50 S10000
N12 G00 G97 S600 T11
N14 M03
N16 M08
N18 G00 X50.000 Z25.000
N20 G00 Z1.207
N22 G00 X40.000
N24 G98 G01 X27.614 F5.000
N26 G01 X26.200 Z0.500
N28 G01 Z-16.900 F80.000
N30 G01 X30.000
N32 G01 X28.586 Z-16.193 F20.000
N34 G01 X40.000
N52 G01 Z-60.000
N54 G01 X29.614 Z-59.293 F20.000
N56 G01 X40.000
N58 G00 X50.000
N60 G00 Z25.000
N62 M01
N64 G50 S10000
N66 G00 G97 S800 T22
N68 M03
N70 M08
N72 G00 Z0.707
N74 G00 X39.414
N76 G98 G01 X-1.414 F5.000
N78 G01 X0.000 Z0.000
```

N36 G00 Z0.807 N38 G01 X-1.414 F5.000 N40 G01 X0.000 Z0.100 N42 G01 X20.200 F80.000 N44 G01 Z-19.900 N46 G01 X24.200 N48 G01 Z-39.900 N50 G01 X28.200 N96 G00 X50.000 N98 G00 Z25.000 N100 M01 N102 G50 S10000 N104 G00 G97 S20 T33 N106 M03 N108 M08 N110 G00 X52.000 Z-60.000 N112 G98 G01 X40.000 F5.000 N114 G01 X18.000 F300.000 N116 G04X0.500 N118 G01 X52.000 F20.000 N120 G01 X42.000 F5.000	N80 G01 X20.000 F100.000 N82 G01 Z-20.000 N84 G01 X24.000 N86 G01 Z-40.000 N88 G01 X28.000 N90 G01 Z-60.000 N92 G01 X29.414 Z-59.293 F20.000 N94 G01 X39.414 N122 G01 X30.000 N124 G01 X8.000 F300.000 N126 G04X0.500 N128 G01 X42.000 F20.000 N130 G01 X32.000 F5.000 N132 G01 X20.000 N134 G01 X0.000 F300.000 N136 G04X0.500 N138 G01 X32.000 F20.000 N140 G00 X50.000 N142 G00 Z25.000 N144 M09 N146 M30 %

思考与练习

一、填空题

1. 拾取加工轮廓有________、________、________三种方式，常用的是________方式。
2. 在“粗车参数表”中，加工表面类型有__________、__________、__________三种选项。
3. 在“粗车参数表”中，“轮廓车刀”中的刀具号和刀具补偿号必须________________。
4. 中心钻的有____________、____________、____________、____________四种类型。

二、上机练习题

利用 CAXA 数控车软件，完成图 9-17 所示零件的工艺分析以及自动编程，毛坯为 $\phi50\times100$ 的 45 钢棒料。

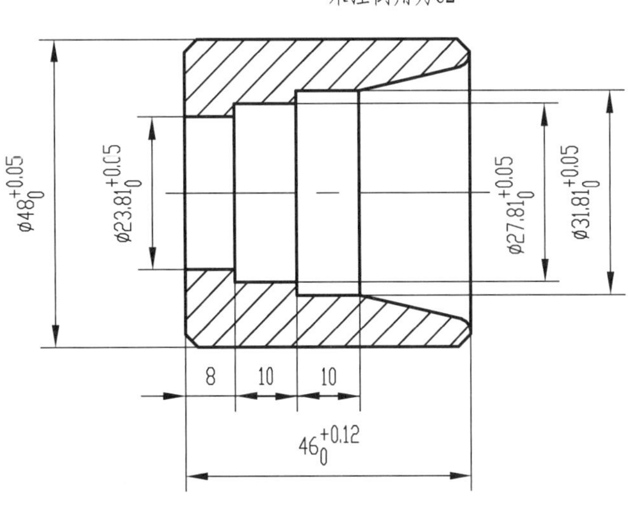

图 9-17　练习图

第十章 数控车自动编程综合加工实例

项目一 轴套类配合件加工

一、任务布置

利用 CAXA 数控车软件，完成图 10-1 所示零件的工艺分析及自动编程，毛坯为 $\phi50\times80$ 的 45 钢棒料，并生成 G 代码。

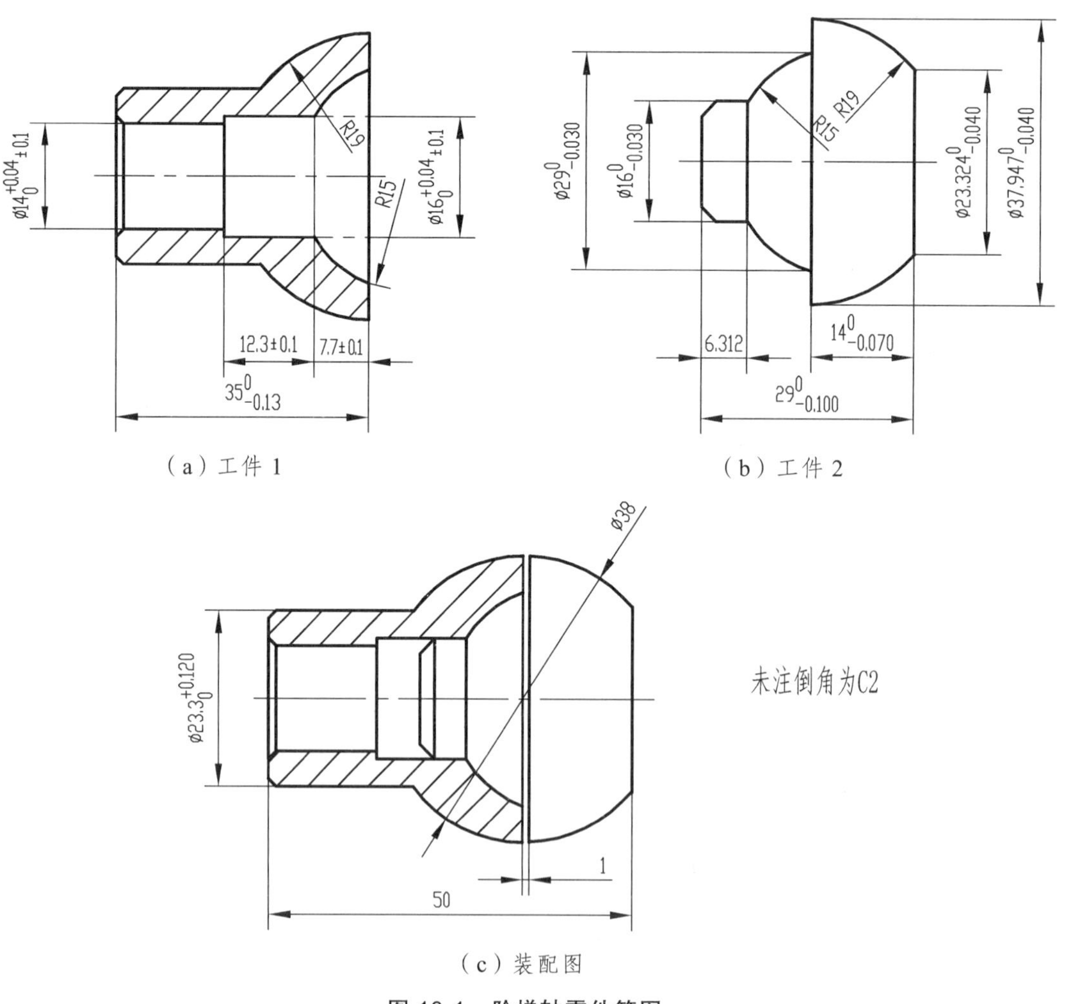

（a）工件 1 （b）工件 2

（c）装配图

图 10-1 阶梯轴零件简图

二、任务分析

该零件为阶梯轴零件，经过分析，应先进行零件建模，然后进行刀具轨迹生成、仿真验证和 G 代码生成。本次任务需要依次对工件 2、工件 1 进行加工。

(一) 工序一：粗、精加工工件 2 的轮廓以及切断

① 先加工 ϕ16 端面，此端面经过两次车削，粗、精车。查表可知，其切削余量为 0.5 mm，车削后达到的表面粗糙度为 Ra1.6。

② 粗加工工件 2 的外圆轮廓，需要注意的是，在设置刀具后角时，要考虑是否会与 R19 圆弧发生干涉，从而影响加工。

③ 精加工工件 2 的外圆轮廓。

④ 切断。

(二) 工序二：粗、精加工工件 1 的外轮廓、内轮廓以及切断

① 粗、精加工工件 1 的外轮廓。

② 用 A 型中心钻进行钻孔导引。

③ 用 ϕ12 麻花钻孔，深度必须大于 35 mm。

④ 粗、精加工工件 1 的内轮廓。

⑤ 切断。

三、任务实施

(一) 粗、精加工工件 2 的轮廓

1. 零件建模

点击指令“孔/轴”键，选择“轴-直接给出角度”方式，中心线角度为 0°，在绘图区任意选择一点，根据提示在“起始直径”和“终止直径”两个框中填入直径值 16，然后输入 ϕ16 段的长度 6.312，画出第一段阶梯轴；然后用相同的方法做出 ϕ28.914 和 ϕ37.947 两端阶梯轴，再根据图中的几何关系，利用圆弧指令将 R15 圆弧与 R19 圆弧绘制完成，得到图 10-2 所示的零件图形。

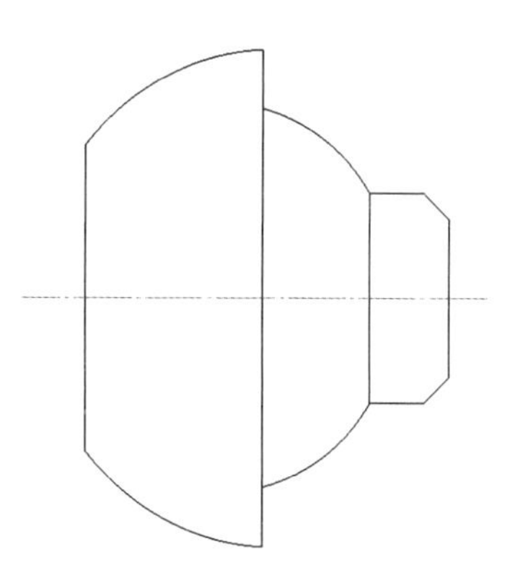

图 10-2　工作 2 零件简图

2. 工艺处理

(1) 建立工件坐标系

为了使 G 代码能够直接在实际机床上使用，需要建立工件坐标系。用鼠标左键将零件图形全部框选，然后点击鼠标右键，选择“平移”指令，根据左下角命令提示栏提示，选择“给定两点-保持原态-非正交”方式，“旋转角度”为 0°，“比例”为 1；根据提示“第一点”选择 ϕ16 轴右端面中心，“第二点”选择坐标原点，得到结果如图 10-3 所示。

(2) 设定进退刀点

点击主菜单里的“格式”，在下拉菜单中点击“点样式”，任意选择一种样式；点击绘图指令“点”，输入坐标（50，50），得到图形如图 10-4 所示，该点为程序进退刀点。

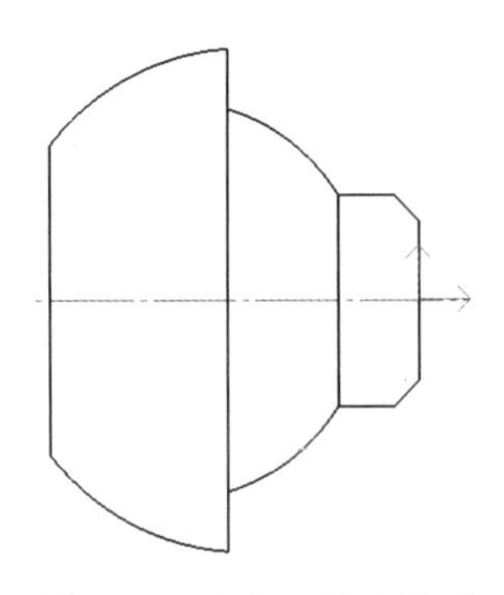

图 10-3　建立工件坐标系

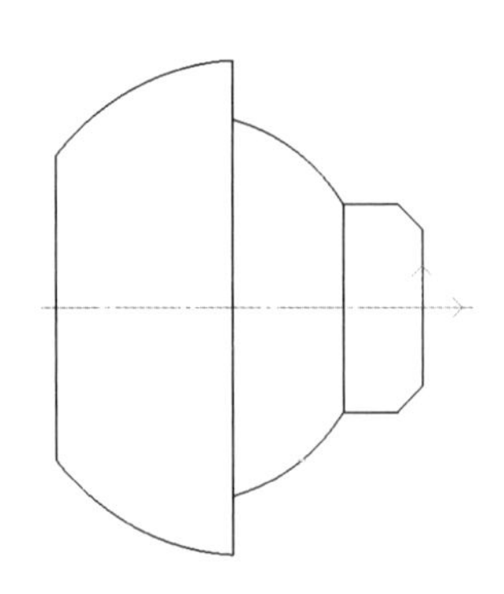

图 10-4　设定进退刀点

(3) 图形处理

画出零件毛坯和最后切槽的轨迹并将多余的线进行处理。将多余的零件轮廓线删除，只留零件表面轮廓。选择“直线”命令，选择“两点线-连续-正交”方式，依次向右作直线长度为 0.5（端面加工余量），向上作直线长度为 20（毛坯半径），向左作直线长度为 29.5（零件总长度+端面加工余量），向下与零件 ϕ23.324 端点相连；重复“直线”命令，在 ϕ23.324 阶梯轴左端面中心向右作直线长度为 3（切刀宽度）。

为了区分不同的工艺工步，用不同颜色的线将图形再次进行处理，得到结果如图 10-5 所示。绿色：代表毛坯轮廓。粉色：代表粗、精加工轮廓。蓝色：代表切槽轮廓。

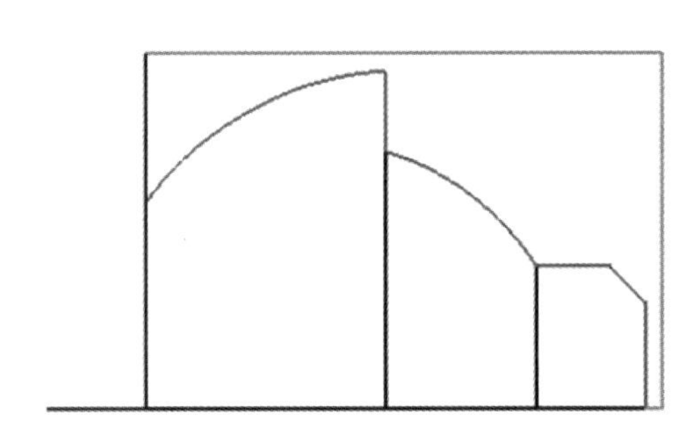

图 10-5　图形处理结果

3. 制定加工工艺

① 首先使用粗车刀进行粗车加工。

② 其次使用精车刀进行精车加工。

③ 使用 3 mm 的切刀进行切断加工。

4. 轨迹生成

(1) 轮廓粗车

① 粗车刀具参数设置；

② 粗车切削用量设置；

③ 粗车进退刀方式设置；

④ 粗车加工参数表设置。

单击 CAXA 数控车软件的“数控车”菜单，并选择“轮廓粗车”，如图 10-6 所示，系统弹出“粗车参数表”对话框，如图 10-7 所示，然后按要求分别填写“加工参数”，“加工方式”为行切方式。“进退刀方式”在外轮廓加工中一般设置为默认值，内轮廓加工时可根据实际情况设置，避免撞刀。“切削用量”和“轮廓车刀”参数设置如图 10-8、图 10-9 所示。注意：轮廓车刀刀具号和刀补号必须保持一致。

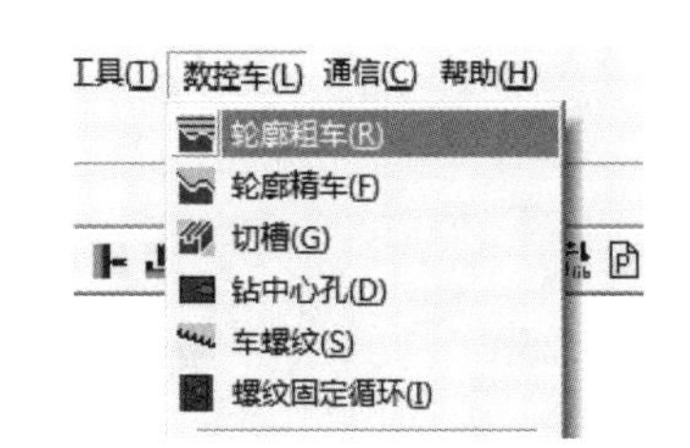

图 10-6 “轮廓粗车”菜单

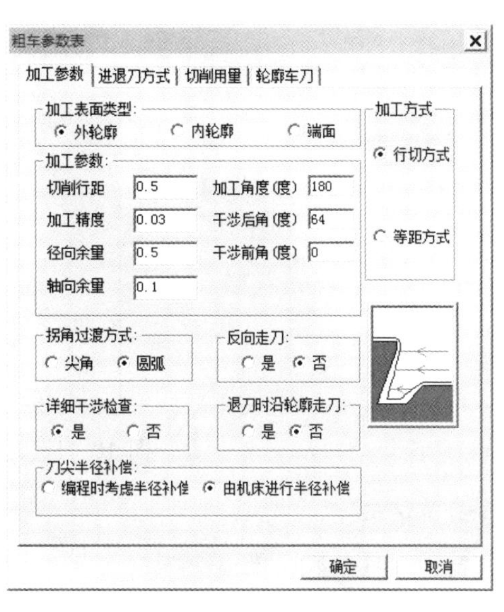

图 10-7 “粗车参数表”对话框

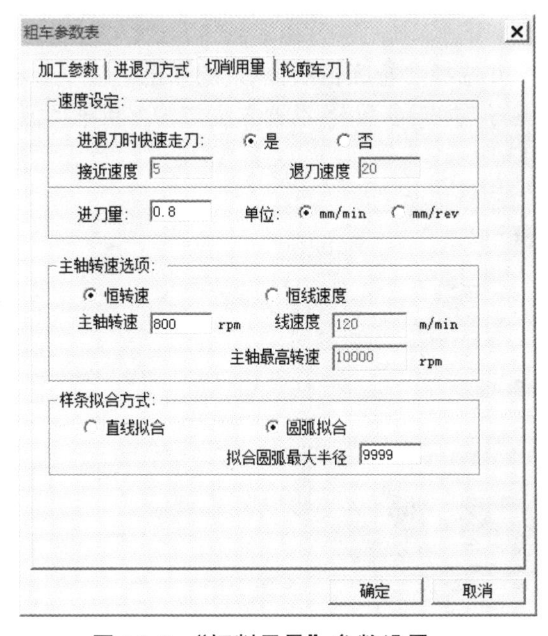

图 10-8 “切削用量”参数设置

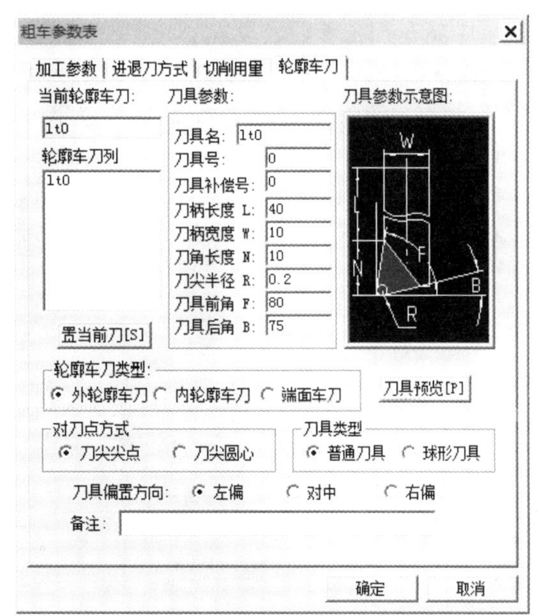

图 10-9 “轮廓车刀”参数设置

参数设置好后系统提示拾取被加工轮廓，此处有三种拾取方式，“链拾取”方式容易将被加工轮廓和毛坯轮廓混在一起，故一般采用“单个拾取”（见图 10-10）或者“限制链拾取”，将被加工轮廓和毛坯轮廓区分开来。拾取第一条轮廓线后选取方向，依次拾取加工轮廓，回

车后再依次拾取毛坯轮廓，两个轮廓首末端分别相连，形成一个封闭的加工区域。将进退刀点确定在预先设置好的点上，得到粗加工刀具轨迹如图 10-11 所示。

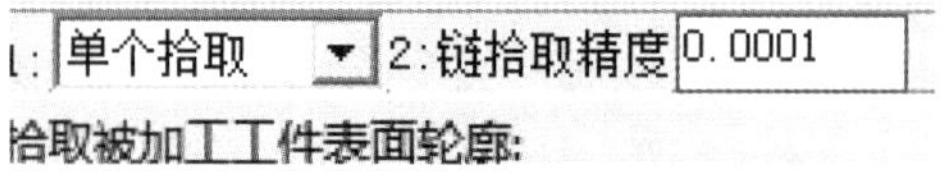

1: 单个拾取 2: 链拾取精度 0.0001
拾取被加工工件表面轮廓:

图 10-10　拾取方式

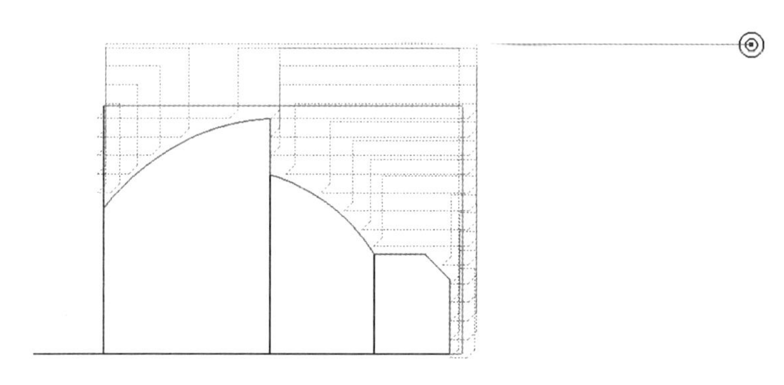

图 10-11　粗加工刀具轨迹

(2) 轮廓精车

① 精车刀具参数设置；
② 精车切削用量设置；
③ 精车进退刀方式设置；
④ 精车加工参数表设置。

单击 CAXA 数控车软件的“数控车”菜单，并选择“轮廓精车”，系统弹出“精车参数表”对话框，如图 10-12 所示，然后按要求分别填写“加工参数”。设置方法与轮廓粗车类似，拾取被加工轮廓，得到精加工刀具轨迹如图 10-13 所示。

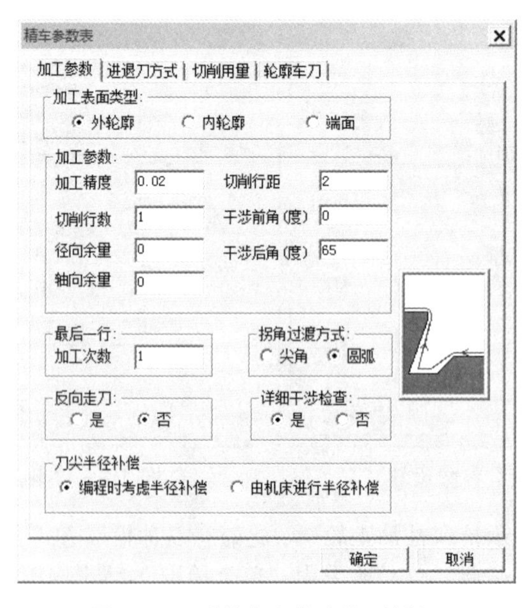

图 10-12　“精车参数表”对话框

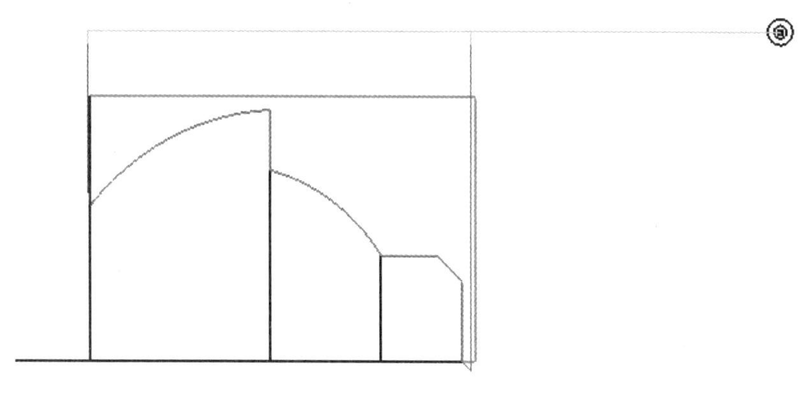

图 10-13　精加工刀具轨迹

(3) 切槽

① 切槽刀具参数设置；

② 切槽切削用量设置；

③ 切槽进退刀方式设置；

④ 切槽加工参数表设置。

单击 CAXA 数控车软件的“数控车”菜单，并选择“切槽”，系统弹出“切槽参数表”对话框，按要求分别填写“加工参数”，注意：“切槽刀具”参数设置里的“刀刃宽度”要与实际加工刀具宽度一致，“编程刀位点”选择后刀尖，，然后按照提示依次选择切槽轮廓，得到切槽加工刀具轨迹。（详情见第七章）

(二) 粗、精加工工件 1 的内、外轮廓

1. 零件建模

点击指令“孔/轴”键，选择“轴-直接给出角度”方式，中心线角度为 0°，选择零件左端 ϕ23 与轴心线的交点为插入点，根据提示在“起始直径”和“终止直径”两个框中填入直径值 14，然后输入长度 15，画出第一段孔；然后用相同的方法做出 ϕ16 的孔，再根据图中的几何关系，利用圆弧指令绘制 R15 圆弧，完成内孔轮廓，得到图 10-14 所示零件图形。

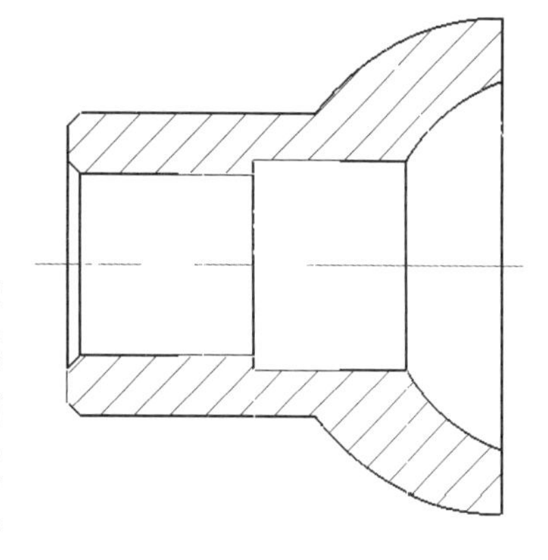

图 10-14　工作 1 零件简图

2. 外圆工艺处理

(1) 建立工件坐标系

为了使 G 代码能够直接在实际机床上使用，需要建立工件坐标系。用鼠标左键将零件图形全部框选，然后点击鼠标右键，选择“平移”指令，根据左下角命令提示栏提示，选择“给定两点-保持原态-非正交”方式，“旋转角度”为 0°，“比例”为 1；根据提示“第一点”选择 ϕ23.947 与轴心线右端面的交点，“第二点”选择坐标原点，得到结果如图 10-15 所示。

(2) 设定进退刀点

点击主菜单里的“格式”，在下拉菜单中点击“点样式”，任意选择一种样式；点击绘图指令“点”，输入坐标（50，50），得到图形如图 10-16 所示，该点为程序进退刀点。

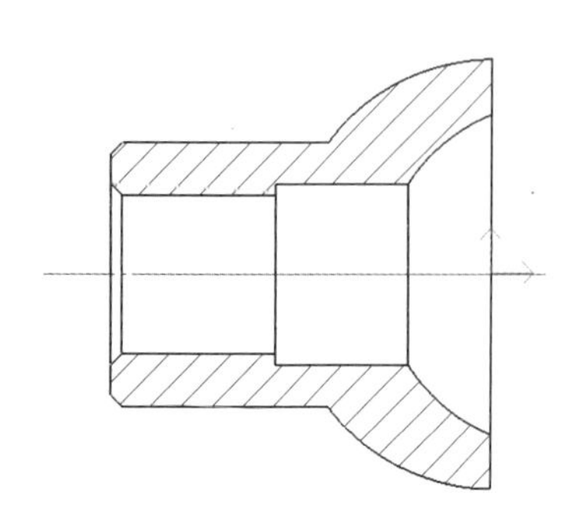

图 10-15　建立工件坐标系

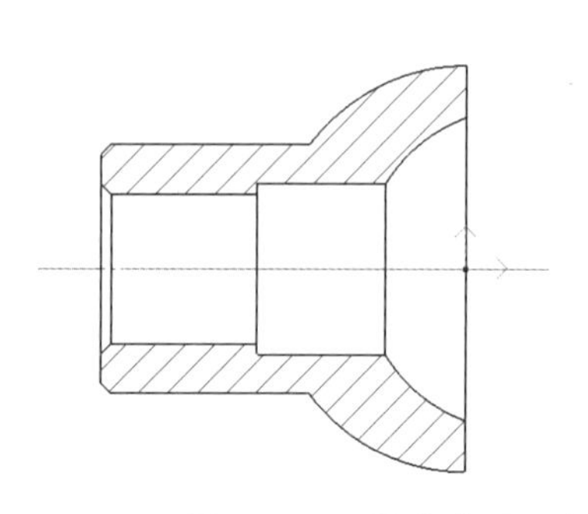

图 10-16　设定进退刀点

(3) 图形处理

选择“直线”命令，选择“两点线-连续-正交”方式，依次向右作直线长度为 0.5（端面加工余量），向上作直线长度为 20（毛坯半径），向左作直线长度为 35.5（零件总长度+端面加工余量），向下与零件 ϕ23 端点相连；重复“直线”命令，在 ϕ23 阶梯轴左端面中心向右作直线长度为 3（切刀宽度）。

为了区分不同的工艺工步，用不同颜色的线将图形再次进行处理，得到结果如图 10-17 所示。绿色：代表毛坯轮廓。粉色：代表粗、精加工轮廓。蓝色：代表切槽轮廓。

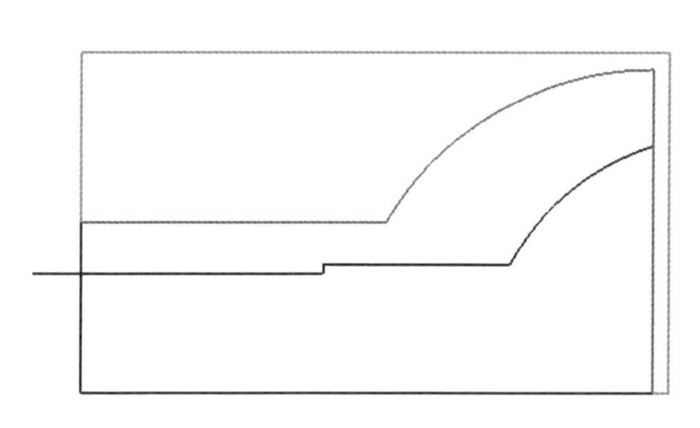

图 10-17　图形处理结果

3. 外圆制定加工工艺

① 首先使用粗车刀进行粗车加工。

② 其次使用精车刀进行精车加工。

③ 当内孔加工完成后，使用 3 mm 的切刀进行切断加工。

4. 外圆轨迹生成

(1) 轮廓粗车

① 粗车刀具参数设置；

② 粗车切削用量设置；

③ 粗车进退刀方式设置；

④ 粗车加工参数表设置。

单击 CAXA 数控车软件的“数控车”菜单，并选择“轮廓粗车”，如图 10-18 所示，系统弹出“粗车参数表”对话框，如图 10-19 所示，然后按要求分别填写“加工参数”，“加工方式”为“行切方式”。“进退刀方式”在外轮廓加工中一般设置为默认值，内轮廓加工时可根据实际情况设置，避免撞刀。“切削用量”和“轮廓车刀”参数设置如图 10-20、图 10-21 所示。注意：轮廓车刀刀具号和刀补号必须保持一致。

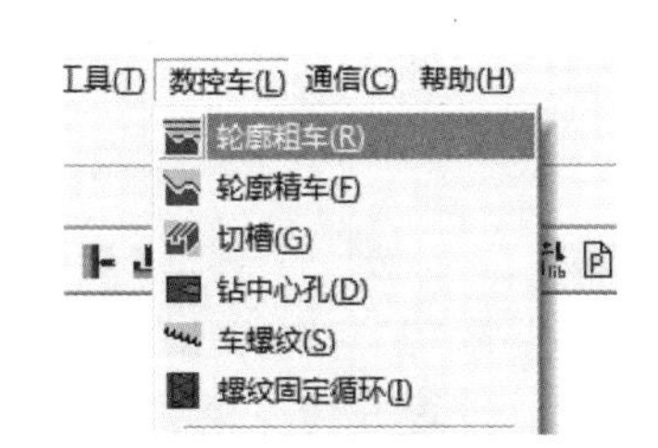

图 10-18 “轮廓粗车”菜单

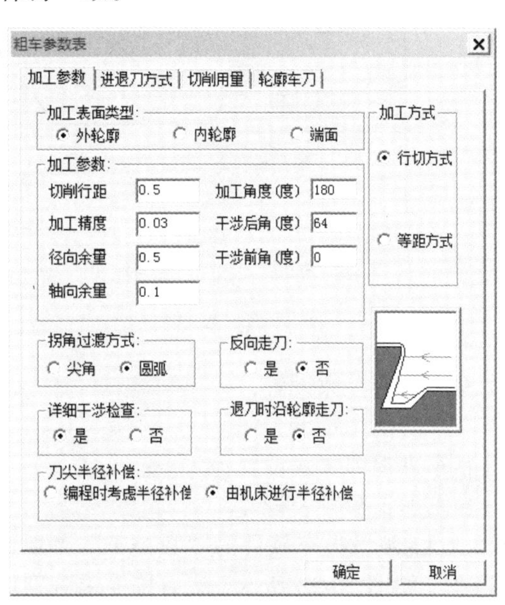

图 10-19 “粗车参数表”对话框

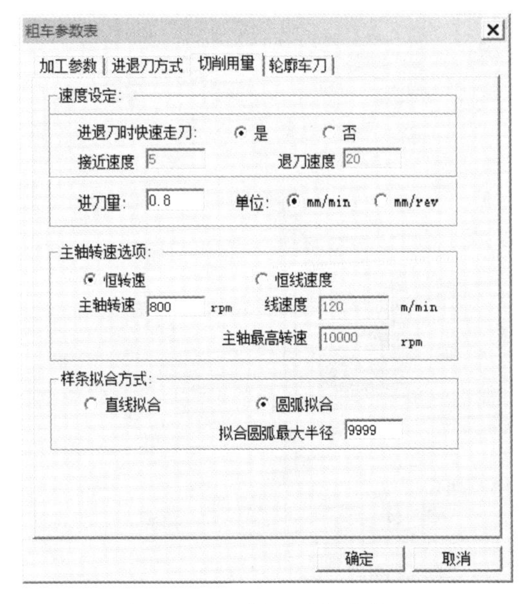

图 10-20 “切削用量”参数设置

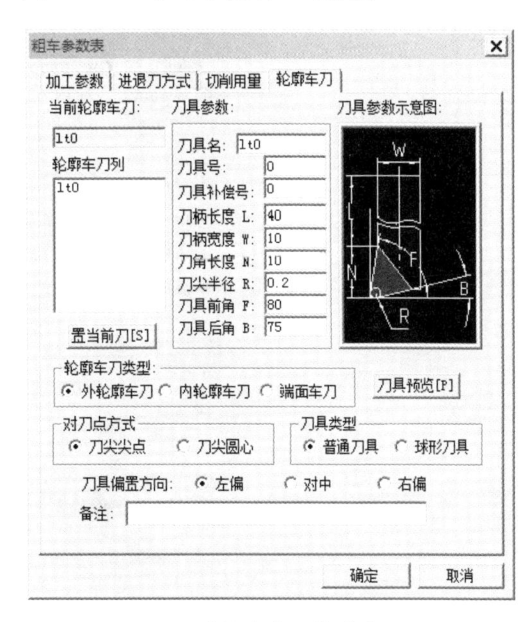

图 10-21 “轮廓车刀”参数设置

用“单个拾取”，则可以很容易地将被加工轮廓与毛坯轮廓区分开。拾取第一条轮廓线后选取方向，依次拾取加工轮廓，回车后再依次拾取毛坯轮廓，两个轮廓首末端分别相连，形成一个封闭的加工区域。将进退刀点确定在预先设置好的点上，得到粗加工刀具轨迹如图 10-22 所示。

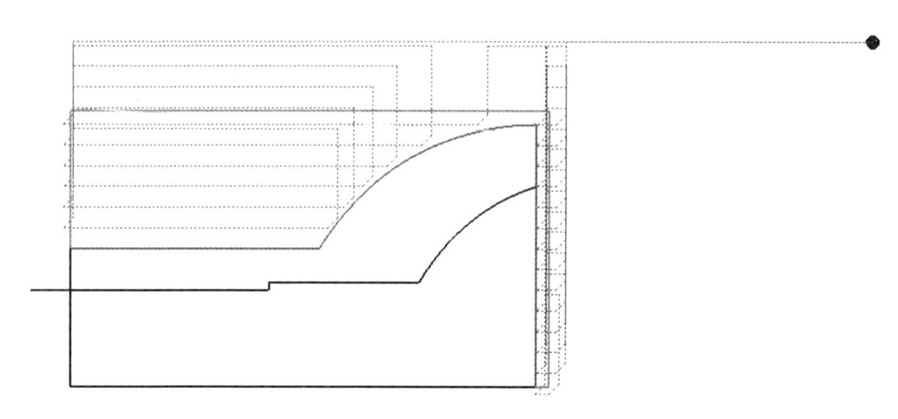

图 10-22　粗加工刀具轨迹

(2) 轮廓精车

① 精车刀具参数设置；

② 精车切削用量设置；

③ 精车进退刀方式设置；

④ 精车加工参数表设置。

单击 CAXA 数控车软件的“数控车”菜单，并选择“轮廓精车”，系统弹出“精车参数表”对话框，如图 10-23 所示，然后按要求分别填写“加工参数”。设置方法与轮廓粗车类似，拾取被加工轮廓，得到精加工刀具轨迹如图 10-24 所示。

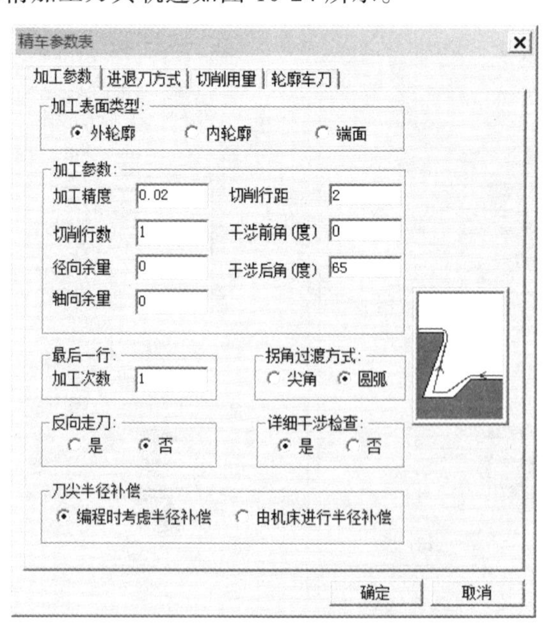

图 10-23　“精车参数表”对话框

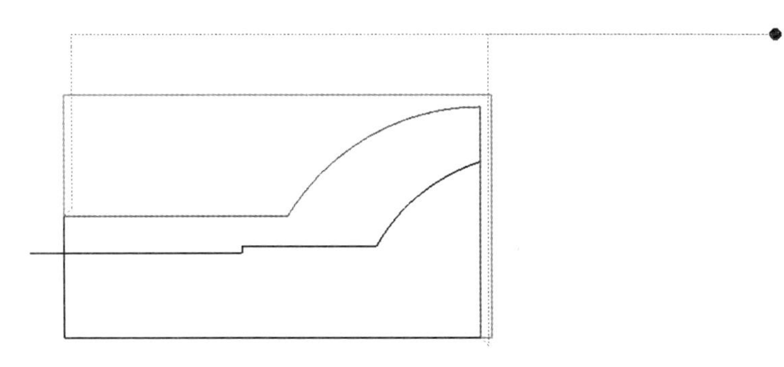

图 10-24　精加工刀具轨迹

5. 内孔工艺处理

(1) 建立工件坐标系

如图 10-15 所示。

(2) 设定进退刀点

点击主菜单里的“格式”，在下拉菜单中点击“点样式”，任意选择一种样式；点击绘图指令“点”，输入坐标（50，50），设该点为程序进退刀点。

(3) 图形处理

选择“直线”命令，选择“两点线-连续-正交”方式，依次向右作直线长度为 0.5（端面加工余量），向上作直线长度为 6（麻花钻半径），向左作直线长度为 35（零件总长度+端面加工余量），向上与零件 ϕ14 左端点相连；重复“直线”命令，在 ϕ14 阶梯轴左端面中心向右作直线长度为 3（切刀宽度）。

为了区分不同的工艺工步，用不同颜色的线将图形再次进行处理，得到结果如图 10-25 所示。绿色：代表毛坯轮廓。粉色：代表粗、精加工轮廓。蓝色：代表切槽轮廓。

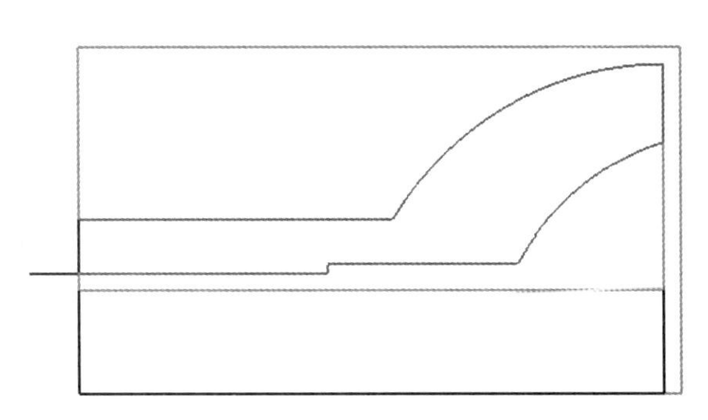

图 10-25　图形处理结果

6. 内孔制定加工工艺

① A 型中心钻钻导引孔；

② 用 ϕ12 麻花钻钻孔，深度大于 35；

③ 粗车刀进行内轮廓粗车加工；

④ 精车刀进行内轮廓精车加工；

⑤ 当内孔加工完成后，使用 3 mm 的切刀进行切断加工。

7. 内孔轨迹生成

(1) 轮廓内孔粗车

① 粗车刀具参数设置；

② 粗车切削用量设置；

③ 粗车进退刀方式设置；

④ 粗车加工参数表设置。

单击 CAXA 数控车软件的“数控车”菜单，并选择“轮廓粗车”，如图 10-26 所示，系统弹出“粗车参数表”对话框，如图 10-27 所示，然后按要求分别填写“加工参数”，“加式方式”为“行切方式”。内轮廓加工时可根据实际情况设置，避免撞刀。“切削用量”和“轮廓车刀”参数设置如图 10-28、图 10-29 所示。

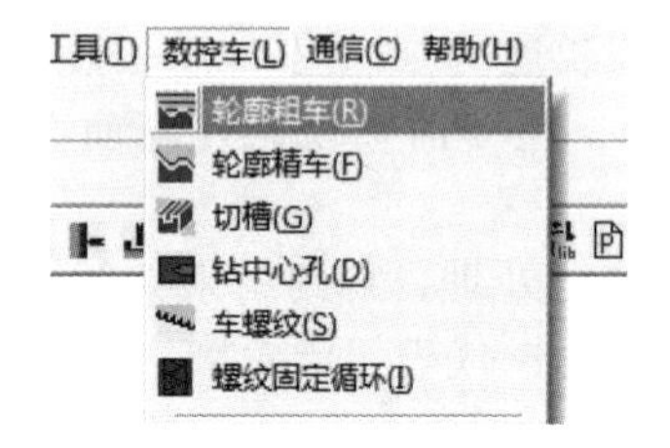

图 10-26 “轮廓粗车”菜单

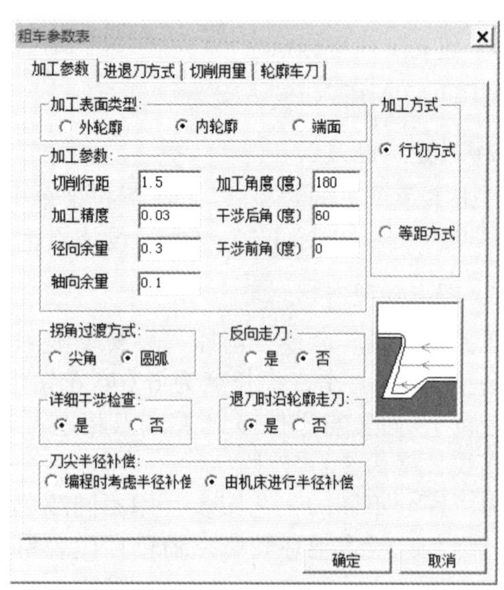

图 10-27 “粗车参数表”对话框

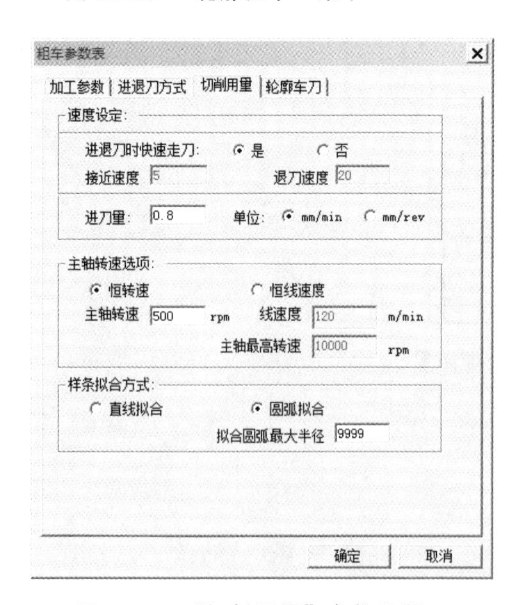

图 10-28 “切削用量”参数设置

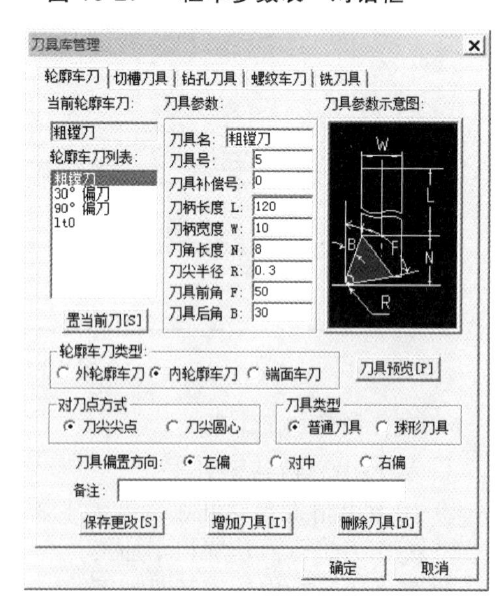

图 10-29 “轮廓车刀”参数设置

用“单个拾取”，则可以很容易地将加工轮廓毛坯轮廓区分开。拾取第一条轮廓线后选取方向，依次拾取加工轮廓，回车后再依次拾取毛坯轮廓，两个轮廓首末端分别相连，形成一个封闭的加工区域。将进退刀点确定在预先设置好的点上，得到粗加工刀具轨迹如图 10-30 所示。

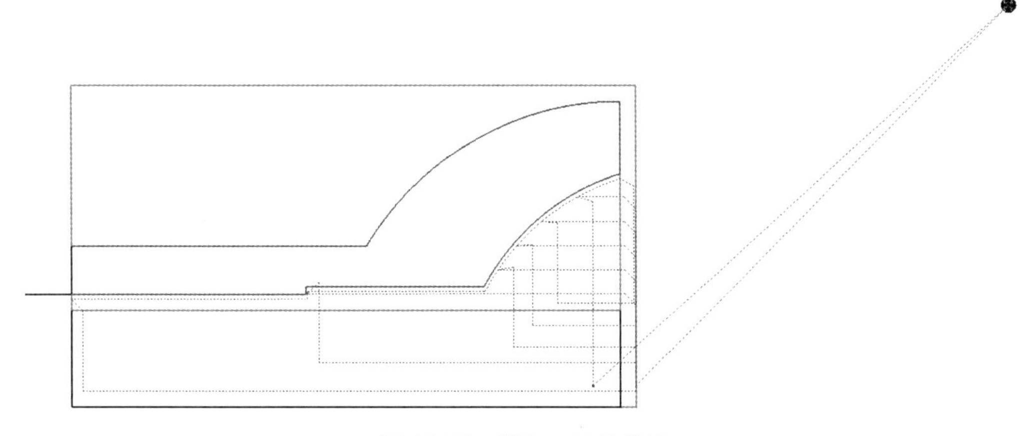

图 10-30　粗加工刀具轨迹

(2) 轮廓精车

① 精车刀具参数设置；

② 精车切削用量设置；

③ 精车进退刀方式设置；

④ 精车加工参数表设置。

单击 CAXA 数控车软件的“数控车”菜单，并选择“轮廓精车”，系统弹出“精车参数表”对话框，如图 10-31 所示，然后按要求分别填写“加工参数”。设置方法与轮廓粗车类似，拾取被加工轮廓，得到精加工刀具轨迹如图 10-32 所示。

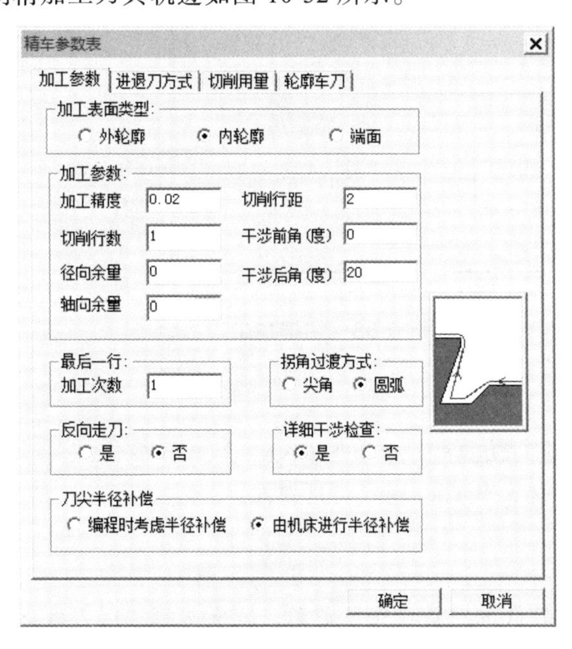

图 10-31　“精车参数表”对话框

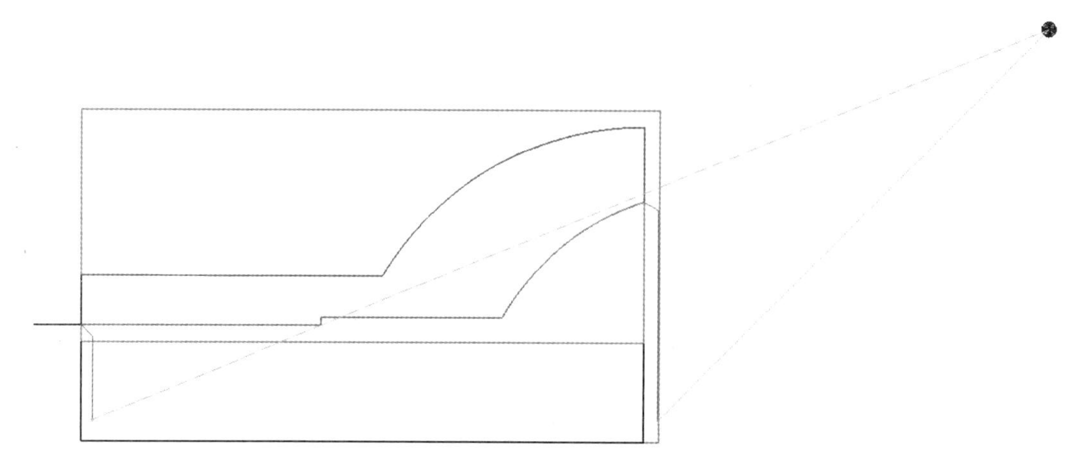

图 10-32　精加工刀具轨迹

(三) 切断

单击 CAXA 数控车软件的“数控车”菜单，并选择“切槽”，系统弹出“切槽参数表”对话框，按要求分别填写“加工参数”。注意：“切槽刀具”参数设置里的“刀刃宽度”要与实际加工刀具宽度一致，“编程刀位点”选择“后刀尖”，然后按照提示依次选择切槽轮廓，得到切槽加工刀具轨迹，如图 10-33 所示。

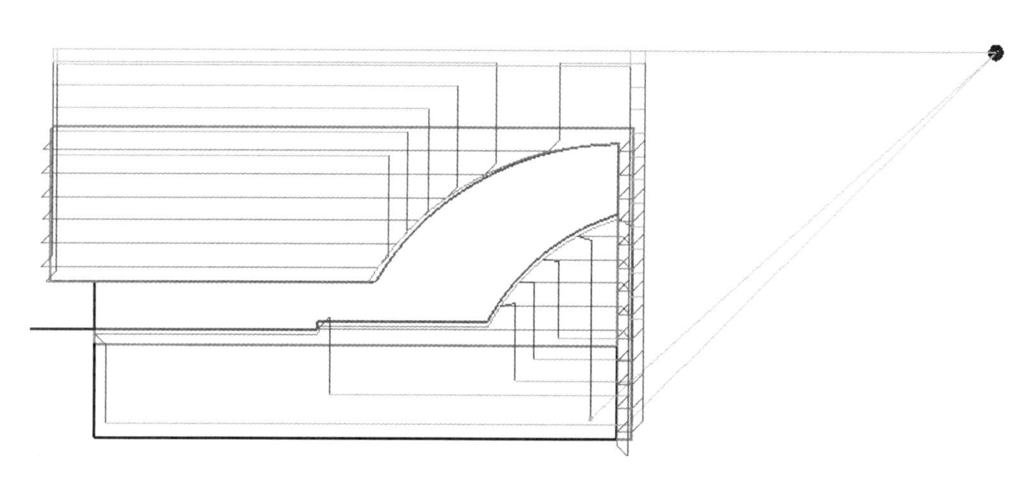

图 10-33　切槽加工刀具轨迹

(四) 轨迹仿真

将得到的刀具轨迹进行仿真验证。单击 CAXA 数控车软件的“数控车”菜单，并选择“轨迹仿真”，选择“二维实体”模式，进入仿真界面。

(五) 后置处理

单击 CAXA 数控车软件的“数控车”菜单，依次选择“后置处理设置”和“机床类型设置”，根据实际加工环境进行设置。

(六) G 代码生成

单击 CAXA 数控车软件的“数控车”菜单，单击选择“代码生成”，选中“保存地址”和“对应数控系统”后按照工序依次选择粗加工、精加工、切槽刀具轨迹，得到该零件的加工代码。

该零件的 G 代码如下：

```
%
O1234
（NC0002，07/24/20，16:59:01）
N10 G50 S10000
N12 G00 G97 S500 T50
N14 M03
N16 M08
N18 G00 X50.000 Z25.000
N20 G00 Z1.707
N22 G00 X48.414
N40 G01 Z0.000 F0.800
N42 G00 X35.414 Z0.707
N44 G00 X45.414
N46 G00 Z1.707
N48 G00 X32.414
N50 G00 X31.000 Z1.000
N52 G01 Z0.000 F0.800
N54 G00 X32.414 Z0.707
N56 G00 X42.414
N58 G00 Z1.707
N60 G00 X29.414
N62 G00 X28.000 Z1.000
N64 G01 Z0.000 F0.800
N66 G00 X29.414 Z0.707
N68 G00 X39.414
N70 G00 Z1.707
N72 G00 X26.414
N74 G00 X25.000 Z1.000
N76 G01 Z0.000 F0.800
N78 G00 X26.414 Z0.707
N80 G00 X36.414
N82 G00 Z1.707
N84 G00 X23.414
N86 G00 X22.000 Z1.000
N88 G01 Z0.000 F0.800
N90 G00 X23.414 Z0.707
N92 G00 X33.414
N94 G00 Z1.707
N96 G00 X20.414
N98 G00 X19.000 Z1.000
N100 G01 Z0.000 F0.800
N102 G00 X20.414 Z0.707
N104 G00 X30.414
N106 G00 Z1.707
N108 G00 X17.414
N110 G00 X16.000 Z1.000
N112 G01 Z0.000 F0.800
N114 G00 X17.414 Z0.707
N116 G00 X27.414
N118 G00 Z1.707
N120 G00 X14.414
```

```
N24 G00 X38.414
N26 G00 X37.000 Z1.000
N28 G98 G01 Z0.000 F0.800
N30 G00 X38.414 Z0.707
N32 G00 X48.414
N34 G00 Z1.707
N36 G00 X35.414
N38 G00 X34.000 Z1.000
N128 G00 X24.414
N130 G00 Z1.707
N132 G00 X11.414
N134 G00 X10.000 Z1.000
N136 G01 Z0.000 F0.800
N138 G00 X11.414 Z0.707
N140 G00 X21.414
N142 G00 Z1.707
N144 G00 X8.414
N146 G00 X7.000 Z1.000
N148 G01 Z0.000 F0.800
N150 G00 X8.414 Z0.707
N152 G00 X18.414
N154 G00 Z1.707
N156 G00 X5.414
N158 G00 X4.000 Z1.000
N160 G01 Z0.000 F0.800
N162 G00 X5.414 Z0.707
N164 G00 X15.414
N166 G00 Z1.707
N168 G00 X2.414
N170 G00 X1.000 Z1.000
N172 G01 Z0.000 F0.800
N174 G00 X2.414 Z0.707
N176 G00 X48.414
N178 G00 Z-3.958
N180 G00 X38.414
N182 G00 X37.000 Z-4.665
N184 G01 Z-38.575 F0.800
N186 G00 X38.414 Z-37.868
N188 G00 X48.414
N190 G00 Z-8.149
N192 G00 X35.414
N194 G00 X34.000 Z-8.856
N196 G01 Z-38.575 F0.800
N198 G00 X35.414 Z-37.868
N200 G00 X45.414
N202 G00 Z-10.677
N204 G00 X32.414
N206 G00 X31.000 Z-11.384
N208 G01 Z-38.575 F0.800
```

```
N122 G00 X13.000 Z1.000
N124 G01 Z0.000 F0.800
N126 G00 X14.414 Z0.707
N216 G00 X29.414
N218 G00 X28.000 Z-13.261
N220 G01 Z-38.575 F0.800
N222 G00 X29.414 Z-37.868
N224 G00 X39.414
N226 G00 Z-14.038
N228 G00 X26.414
N230 G00 X25.000 Z-14.745
N232 G01 Z-38.575 F0.800
N234 G00 X26.414 Z-37.868
N236 G00 X36.414
N238 G00 Z-15.239
N240 G00 X23.414
N242 G00 X22.000 Z-15.946
N244 G01 Z-38.575 F0.800
N246 G00 X23.414 Z-37.868
N248 G00 X48.414
N250 G00 X50.000
N252 G00 Z25.000
N254 M01
N256 G50 S10000
N258 G00 G97 S500 T50
N260 M03
N262 M08
N264 G00 Z0.707
N266 G00 X48.000
N268 G00 X-2.014
N270 G00 X-0.600 Z0.000
N272 G98 G01 X11.400 F0.800
N274 G01 X28.367
N276 G01 X37.995
N278 G03 X20.000 Z-16.622 I-19.298 K-0.300
N280 G01 Z-38.275
N282 G00 X21.414 Z-37.568
N284 G00 X48.000
N286 G00 Z0.707
N288 G00 X-2.014
N290 G00 X-0.600 Z0.000
N292 G01 X11.400 F0.800
N294 G01 X28.367
N296 G01 X37.995
N298 G03 X20.000 Z-16.622 I-19.298 K-0.300
N380 G00 X21.686
N382 G00 X23.100 Z0.300
N384 G41
N386 G01 Z-4.955 F0.800
N388 G03 X20.100 Z-6.562 I-11.613 K9.336
N390 G00 G40 X20.179 Z-5.563
N392 G00 X10.179
N394 G00 Z1.007
N396 G00 X24.686
N398 G00 X26.100 Z0.300
N400 G41
N402 G01 Z-2.695 F0.800
N404 G03 X23.100 Z-4.955 I-13.113 K7.076
N210 G00 X32.414 Z-37.868
N212 G00 X42.414
N214 G00 Z-12.554
N300 G01 Z-38.275
N302 G00 X21.414 Z-37.568
N304 G00 X48.000
N306 G00 X50.000
N308 G00 Z25.000
N310 M01
N312 G50 S10000
N314 G00 G97 S500 T00
N316 M03
N318 M08
N320 G00 X2.686 Z1.007
N322 G00 X12.686
N324 G00 X14.100 Z0.300
N326 G41
N328 G98 G01 Z-19.900 F0.800
N330 G01 X13.600
N332 G02 X13.400 Z-20.000 I0.000 K-0.100
N334 G01 Z-35.000
N336 G00 G40 X11.986 Z-34.293
N338 G00 X1.986
N340 G00 Z1.007
N342 G00 X15.686
N344 G00 X17.100 Z0.300
N346 G41
N348 G01 Z-7.778 F0.800
N350 G03 X14.502 Z-8.601 I-8.613 K12.159
N352 G02 X14.400 Z-8.688 I0.049 K-0.087
N354 G01 Z-19.900
N356 G01 X14.100
N358 G00 G40 X15.514 Z-19.193
N360 G00 X5.514
N362 G00 Z1.007
N364 G00 X18.686
N366 G00 X20.100 Z0.300
N368 G41
N370 G01 Z-6.562 F0.800
N372 G03 X17.100 Z-7.778 I-10.113 K10.943
N374 G00 G40 X17.437 Z-6.792
N376 G00 X7.437
N378 G00 Z1.007
N406 G00 G40 X22.884 Z-3.961
N408 G00 X12.884
N410 G00 Z0.912
N412 G00 X27.436
N414 G00 X28.376 Z0.029
N416 G41
N418 G03 X26.100 Z-2.695 I-14.250 K4.352
F0.800
N420 G00 G40 X25.527 Z-1.737
N422 G00 X2.686
N424 G00 X50.000 Z25.000
N426 M09
N428 M30
%
```

项目二　螺纹配合件加工

一、任务布置

利用 CAXA 数控车软件，完成图 10-34 所示工件 1、工件 2 的工艺分析以及零件的自动编程，毛坯为 $\phi50\times200$ 的 45 钢棒料，并生成 G 代码。

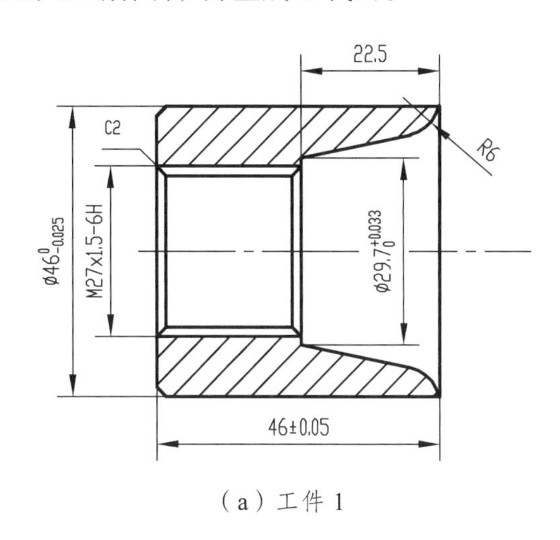

（a）工件 1

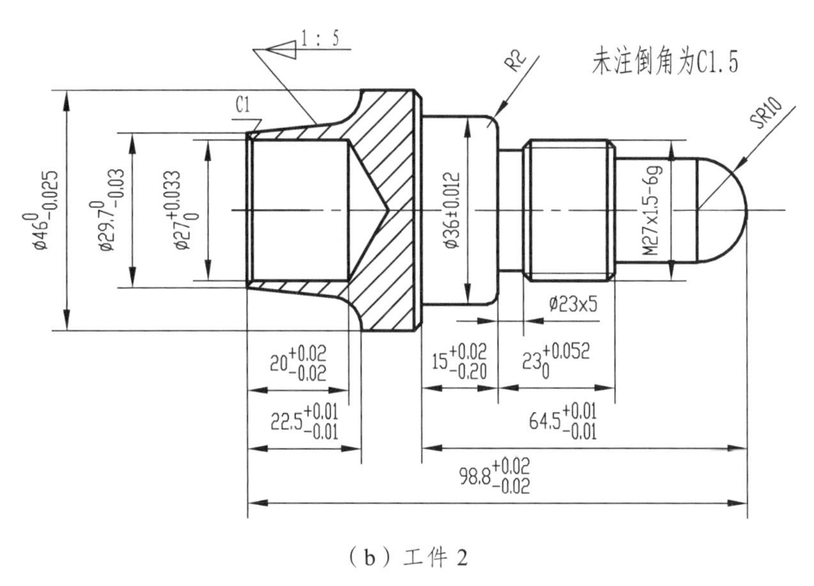

（b）工件 2

图 10-34　螺纹配合零件简图

二、任务分析

该零件为螺纹配合零件，经过分析，应先进行零件建模，然后进行刀具轨迹生成、仿真验证和 G 代码生成。本次任务需要依次对工件 2、工件 1 进行加工。

(一) 工序一：粗、精加工工件 2 右端外圆轮廓以及切断

① 先加工 SR10 球面，此端面经过两次车削，粗、精车，其切削余量为 0.2 mm，转速为 1 500 转/min，进给量为 50 mm/min，车削后的表面粗糙度能达到 Ra1.6。

② 粗加工工件 2 右端外圆轮廓至翻面接点（X46，Z-78）。

③ 加工 M27 × 1.5 螺纹，每次切深查表可得。

④ 翻面装夹镗孔以及切断。

(二) 工序二：粗、精加工工件 1 外轮廓、内轮廓以及切断

① 粗、精加工工件 1 外轮廓。

② 用 A 型中心钻进行钻孔导引。

③ 用 ϕ12 麻花钻孔，深度必须大于 35 mm。

④ 粗、精加工工件 1 内轮廓。

⑤ 切断。

三、任务实施

(一) 粗、精加工工件 2 的轮廓

1. 工件 2 零件右端建模

点击指令“孔/轴”键，选择“轴-直接给出角度”方式，中心线角度为 0°，在绘图区任意选择一点，根据提示在“起始直径”中输入 29.7，在“终止直径”中输入 46，然后输入长度 22.5，画出第一段锥形轴；用相同的方法做出 ϕ46、ϕ36、ϕ23、ϕ27、ϕ20 阶梯轴，再根据图中的几何关系，利用圆弧指令将 SR10 与 R6 过渡面绘制完成，得到图 10-35 所示零件图形。

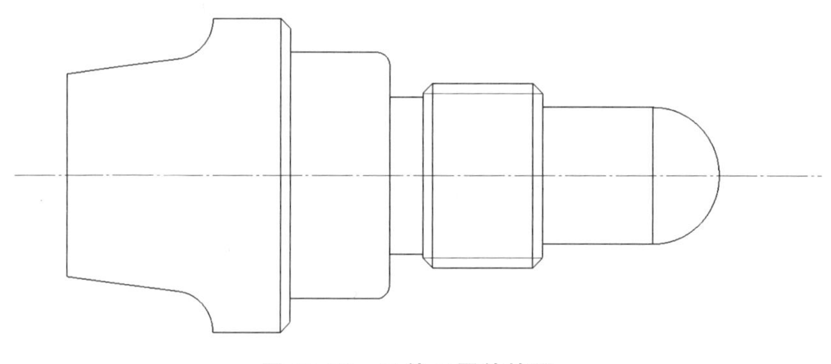

图 10-35　工件 2 零件简图

2. 工艺处理

(1) 建立工件坐标系

为了使 G 代码能够直接在实际机床上使用，需要建立工件坐标系。用鼠标左键将零件图形全部框选，然后点击鼠标右键，选择“平移”指令，根据左下角命令提示栏提示，选择“给定两点-保持原态-非正交”方式，“旋转角度”为 0°，“比例”为 1；根据提示“第一点”选择 SR10 轴右端面中心，“第二点”选择坐标原点，得到结果如图 10-36 所示。

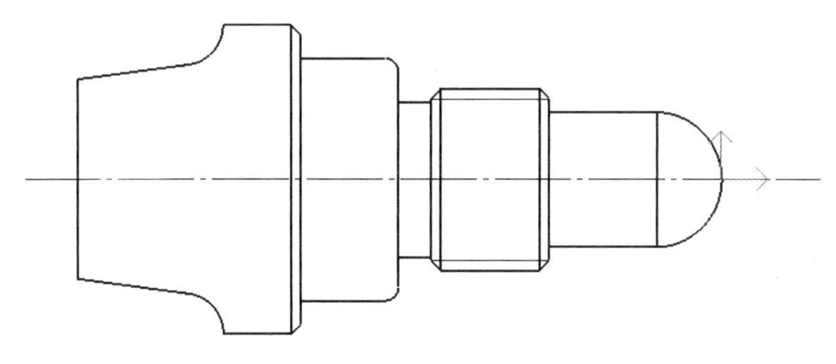

图 10-36　建立工件坐标系

(2) 设定进退刀点

点击主菜单里的“格式”，在下拉菜单中点击“点样式”，任意选择一种样式；点击绘图指令“点”，输入坐标（50，50），得到图形如图 10-37 所示，该点为程序进退刀点。

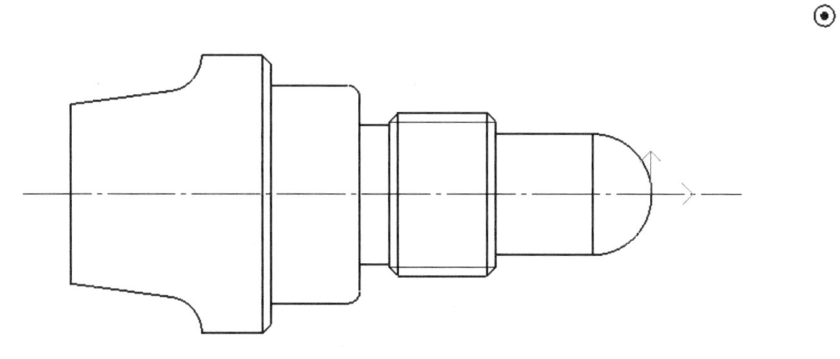

图 10-37　设定进退刀点

(3) 图形处理

画出零件毛坯和最后切槽的轨迹并将多余的线进行处理。将多余的零件轮廓线删除，只留零件表面轮廓。选择“直线”命令，选择“两点线-连续-正交”方式，依次向右作直线长度为 0.5（端面加工余量），向上作直线长度为 25（毛坯半径），向左作直线长度为 100（零件总长度+左右端面加工余量），向下与零件加工翻面接点（X46，Z-78）相交，并取其交点作为加工结束位置；重复“直线”命令，在 ϕ29.7 阶梯轴左端面中心向右作直线长度为 3（切刀宽度）。

为了区分不同的工艺工步，用不同颜色的线将图形再次进行处理，得到结果如图 10-38 所示。绿色：代表毛坯轮廓。粉色：代表粗、精加工轮廓。蓝色：代表切槽轮廓。

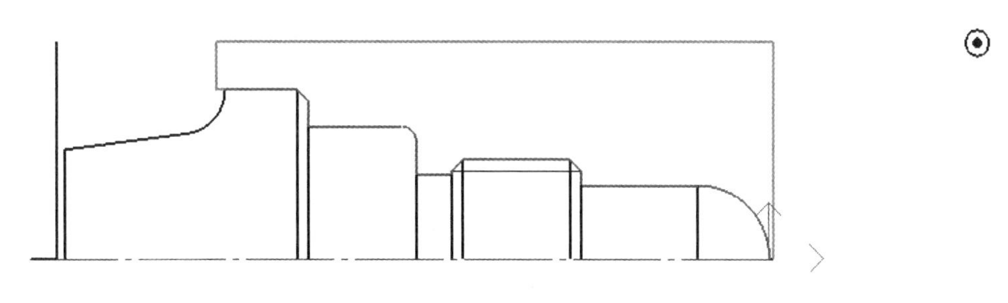

图 10-38　图形处理结果

3. 制定加工工艺

① 首先使用粗车刀进行粗车加工。

② 其次使用精车刀进行精车加工。

③ 加工螺纹。

④ 使用 3 mm 的切刀进行切断加工。

4. 轨迹生成

(1) 轮廓粗车

① 粗车刀具参数设置；

② 粗车切削用量设置；

③ 粗车进退刀方式设置；

④ 粗车加工参数表设置。

单击 CAXA 数控车软件的“数控车”菜单，并选择“轮廓粗车”，如图 10-39 所示，系统弹出“粗车参数表”对话框，如图 10-40 所示，然后按要求分别填写“加工参数”，“加工方式”为“行切方式”。“进退刀方式”在外轮廓加工中一般设置为默认值，内轮廓加工时可根据实际情况设置，避免撞刀。“切削用量”和“轮廓车刀”参数设置如图 10-41、图 10-42 所示。注意：轮廓车刀刀具号和刀补号必须保持一致。

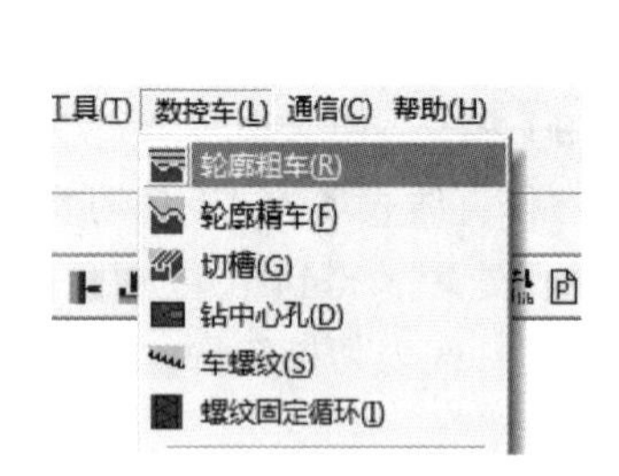

图 10-39 “轮廓粗车”菜单

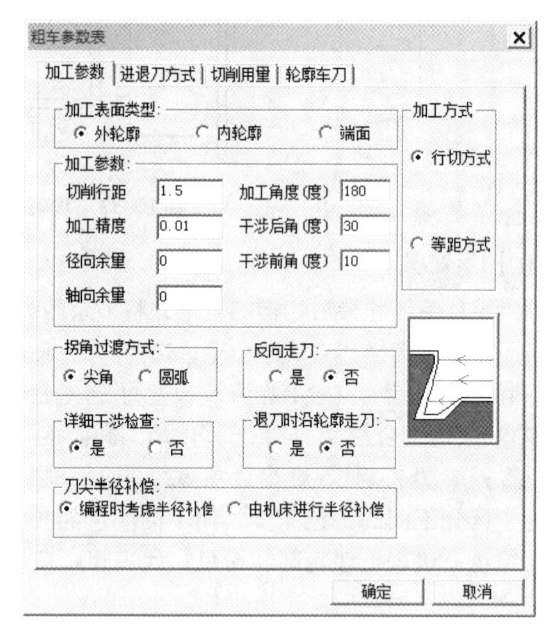

图 10-40 “粗车参数表”对话框

参数设置好后系统提示拾取被加工轮廓，此处有三种拾取方式，“链拾取”方式容易将被加工轮廓和毛坯轮廓混在一起，故一般采用单个拾取（见图 10-43）或者“限制链拾取”，将被加工轮廓和毛坯轮廓区分开来。拾取第一条轮廓线后选取方向，依次拾取加工轮廓，回车后再依次拾取毛坯轮廓，两个轮廓首末端分别相连，形成一个封闭的加工区域。将进退刀点确定在预先设置好的点上，得到粗加工刀具轨迹如图 10-44 所示。

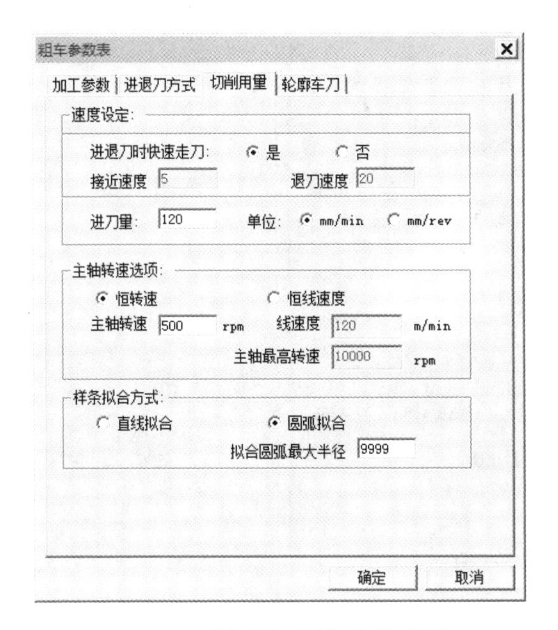

图 10-41 “切削用量”参数设置

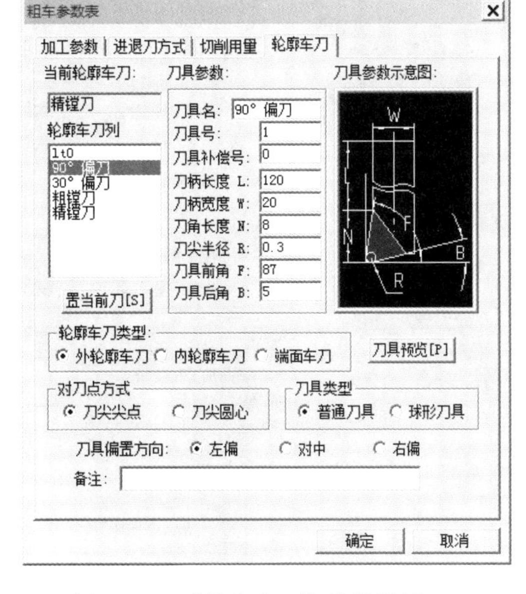

图 10-42 “轮廓车刀”参数设置

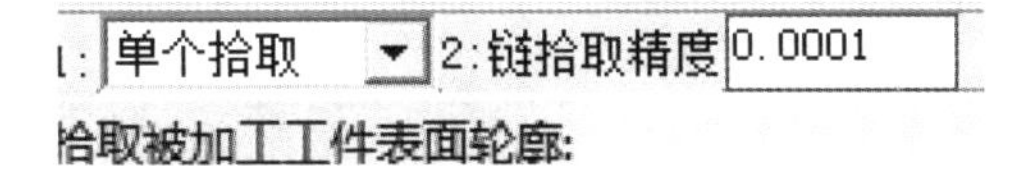

图 10-43 拾取方式

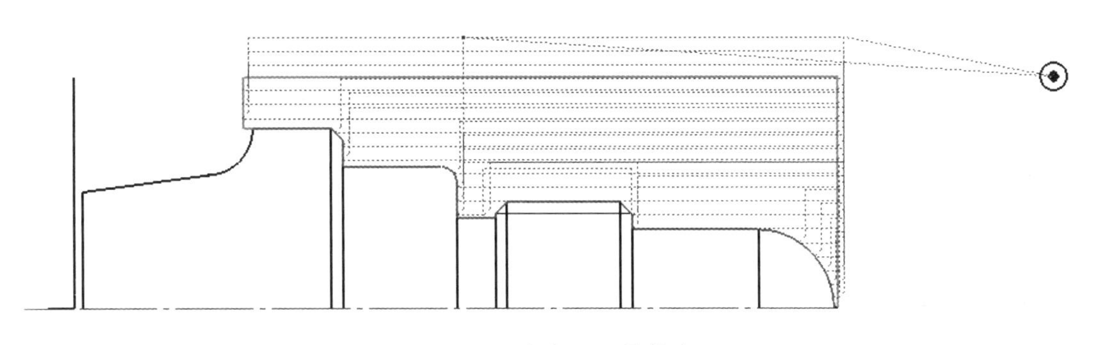

图 10-44 粗加工刀具轨迹

(2) 轮廓精车

① 精车刀具参数设置；

② 精车切削用量设置；

③ 精车进退刀方式设置；

④ 精车加工参数表设置。

单击 CAXA 数控车软件的“数控车”菜单，并选择“轮廓精车”，系统弹出“精车参数表”对话框，如图 10-45 所示。然后按要求分别填写“加工参数”，其设置方法与轮廓粗车类似，拾取被加工轮廓，得到精加工刀具轨迹如图 10-46 所示。

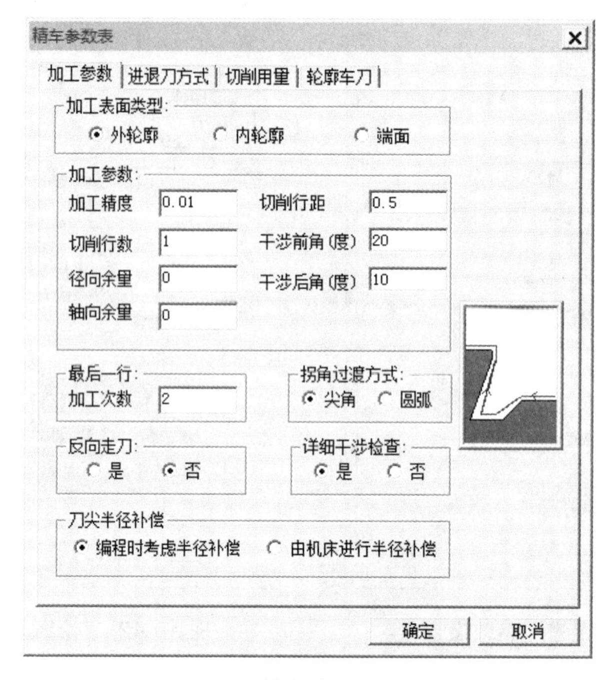

图 10-45　“精车参数表”对话框

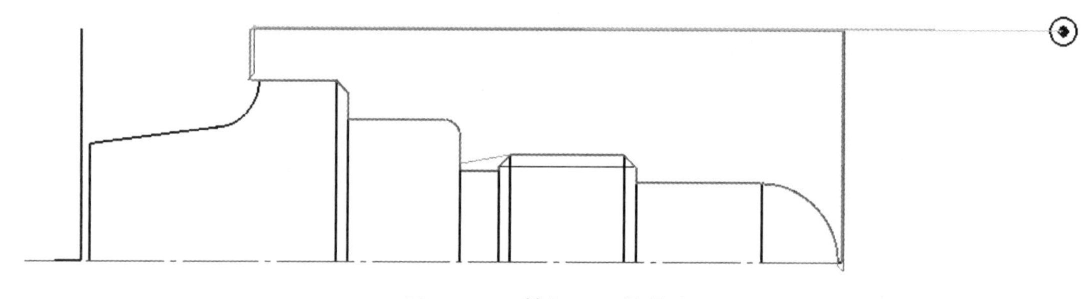

图 10-46　精加工刀具轨迹

(3) 螺纹加工

① 螺纹刀具参数设置；

② 螺纹刀削用量设置；

③ 螺纹刀进退刀方式设置；

④ 螺纹加工参数表设置。

单击 CAXA 数控车软件的“数控车”菜单，并选择“车螺纹”，系统弹出“车螺纹参数表”对话框，按要求分别填写“加工参数”。(详情见第八章)

(4) 切槽加工

① 切槽刀具参数设置；

② 切槽刀削用量设置；

③ 切槽刀进退刀方式设置；

④ 切槽加工参数表设置。

单击 CAXA 数控车软件的“数控车”菜单，并选择“切槽”，系统弹出“切槽参数表”

对话框，按要求分别填写“加工参数”。注意：“切槽刀具”参数设置里的“刀刃宽度”要与实际加工刀具宽度一致，“编程刀位点”选择后刀尖。（详情见第七章）

5. 工件 2 零件左端建模

点击指令“孔/轴”键，选择“孔-直接给出角度”方式，中心线角度为 0°，在绘图区任意选择一点，根据提示在“起始直径”中输入 27，在“终止直径”中输入 27，然后输入长度 20，按要求填充剖面线，画出内孔，再根据图中的几何关系绘制完成，得到图 10-47 所示零件图形。

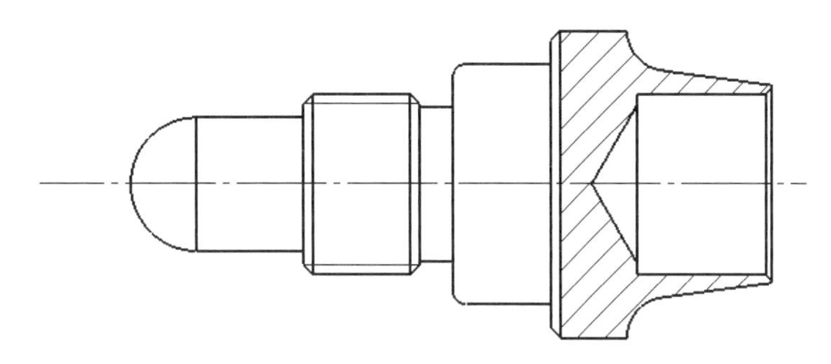

图 10-47　工件 2 零件简图

6. 工艺处理

(1) 建立工件坐标系

为了使 G 代码能够直接在实际机床上使用，需要建立工件坐标系。用鼠标左键将零件图形全部框选，然后点击鼠标右键，选择“平移”指令，根据左下角命令提示栏提示，选择“给定两点-保持原态-非正交”方式，“旋转角度”为 0°，“比例”为 1；根据提示“第一点”选择 ϕ29.7 轴右端面中心，“第二点”选择坐标原点，得到结果如图 10-48 所示。

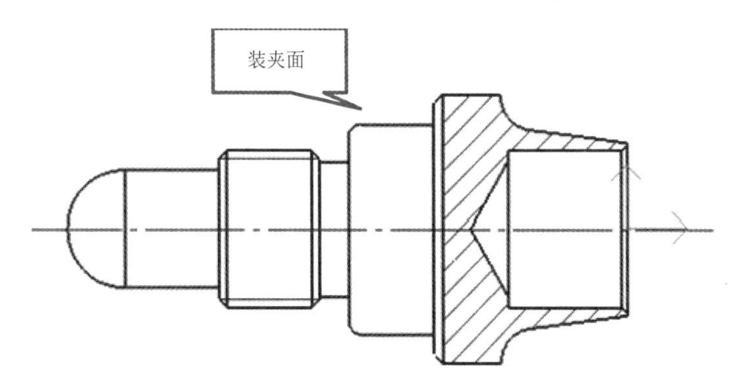

图 10-48　建立工件坐标系

(2) 设定进退刀点

点击主菜单里的“格式”，在下拉菜单中点击“点样式”，任意选择一种样式；点击绘图指令“点”，输入坐标（50，50），得到图形如图 10-49 所示，该点为程序进退刀点。

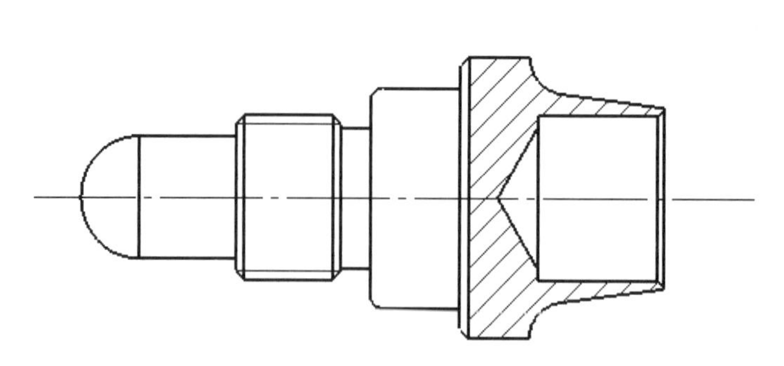

图 10-49 设定进退刀点

(3) 图形处理

画出零件毛坯和最后切槽的轨迹并将多余的线进行处理。将多余的零件轮廓线删除，只留零件表面轮廓。选择“直线”命令，选择“两点线-连续-正交”方式，依次向右作直线长度为 0.5（端面加工余量），向上作直线长度为 12（ϕ24 麻花钻半径），向左作直线长度为 20.5（零件总长度+左右端面加工余量），向上与零件内孔 ϕ27 端点相交，并取其交点作为加工结束位置。

为了区分不同的工艺工步，用不同颜色的线将图形再次进行处理，得到结果如图 10-50 所示。绿色：代表毛坯轮廓。粉色：代表粗、精加工轮廓。

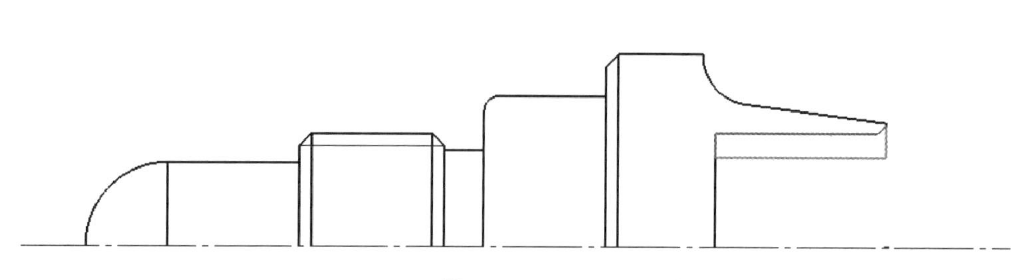

图 10-50 图形处理结果

7. 制定加工工艺

① 使用 A 型中心钻钻导引孔。

② 使用 ϕ24 麻花钻钻孔，深度为 20 mm。

③ 使用粗车刀进行粗车加工。

④ 使用精车刀进行精车加工。

8. 轨迹生成

(1) 轮廓粗车

① 粗车刀具参数设置；

② 粗车切削用量设置；

③ 粗车进退刀方式设置；

④ 粗车加工参数表设置。

单击 CAXA 数控车软件的“数控车”菜单，并选择“轮廓粗车”，如图 10-51 所示，系统弹出“粗车参数表”对话框，如图 10-52 所示，然后按要求分别填写“加工参数”，“加工方式”为“行切方式”。“进退刀方式”在外轮廓加工中一般设置为默认值，内轮廓加工时可根据实际情况设置，避免撞刀。“切削用量”和“轮廓车刀”参数设置如图 10-53、图 10-54 所示。注意：轮廓车刀刀具号和刀补号必须保持一致。

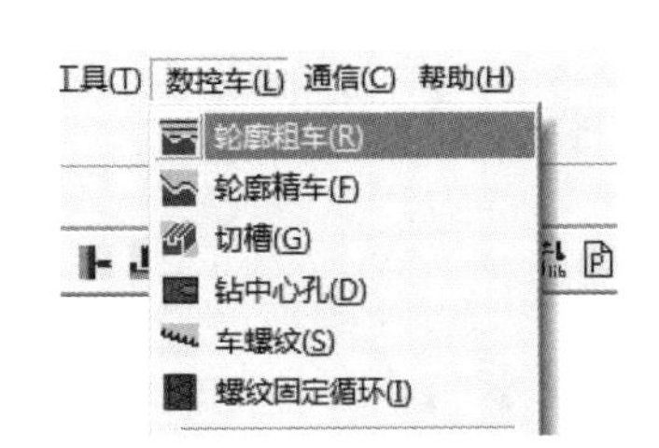

图 10-51　“轮廓粗车”菜单

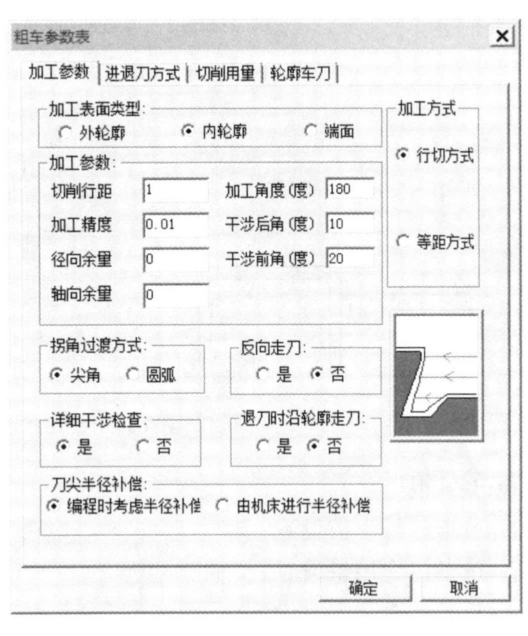

图 10-52　“粗车参数表”对话框

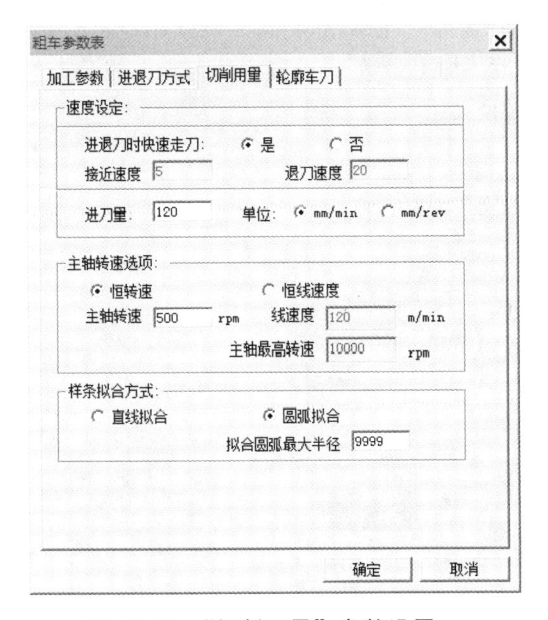

图 10-53　“切削用量”参数设置

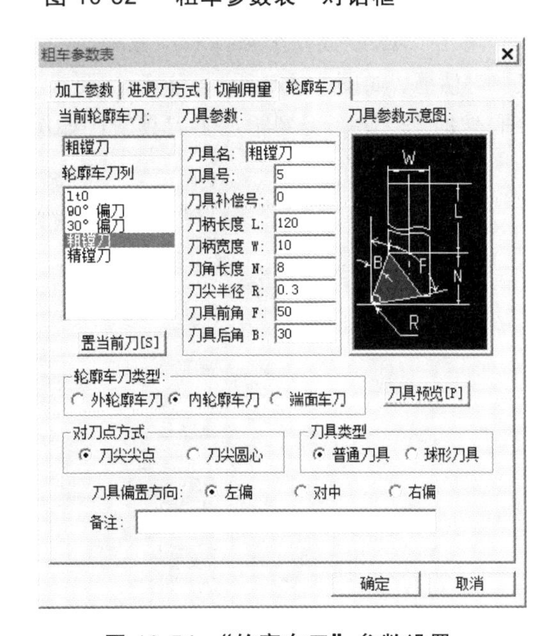

图 10-54　“轮廓车刀”参数设置

参数设置好后系统提示拾取被加工轮廓，此处有三种拾取方式，“链拾取”方式容易将被加工轮廓和毛坯轮廓混在一起，故一般采用“单个拾取”（见图 10-55）或者“限制链拾取”，将被加工轮廓和毛坯轮廓区分开来。拾取第一条轮廓线后选取方向，依次拾取加工轮廓，回

车后再依次拾取毛坯轮廓，两个轮廓首末端分别相连，形成一个封闭的加工区域。将进退刀点确定在预先设置好的点上，得到粗加工刀具轨迹如图 10-56 所示。

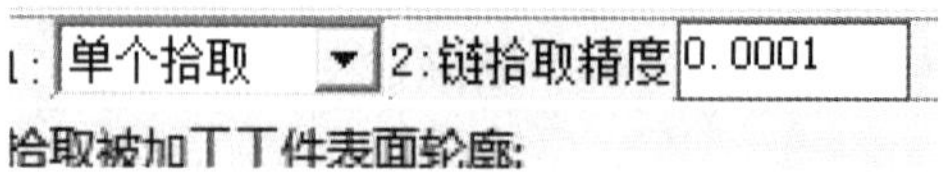

1: 单个拾取 ▼ 2:链拾取精度 0.0001

拾取被加工工件表面轮廓:

图 10-55　拾取方式

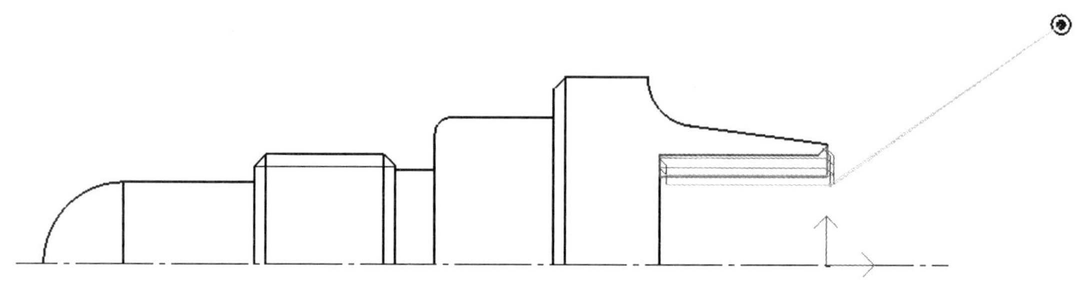

图 10-56　粗加工刀具轨迹

(2) 轮廓精车

① 精车刀具参数设置；

② 精车切削用量设置；

③ 精车进退刀方式设置；

④ 精车加工参数表设置。

单击 CAXA 数控车软件的“数控车”菜单，并选择“轮廓精车”，系统弹出“精车参数表”对话框，如图 10-57 所示，然后按要求分别填写“加工参数”。设置方法与轮廓粗车类似，拾取被加工轮廓，得到精加工刀具轨迹如图 10-58 所示。

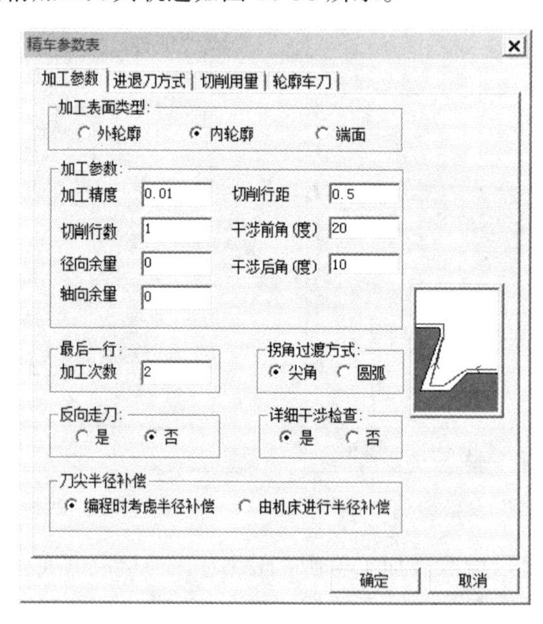

图 10-57　“精车参数表”对话框

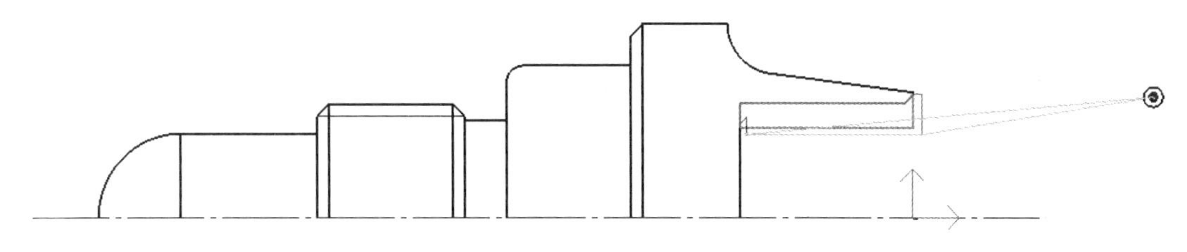

图 10-58　精加工刀具轨迹

(二) 粗、精加工工件 1

1. 工件 1 零件建模

点击指令“孔/轴”键，选择“轴-直接给出角度”方式，中心线角度为 0°，在绘图区任意选择一点，根据提示在“起始直径”和“终止直径”两个框中填入直径值 46，然后输入 46，长度 46，画出外圆轮廓；点击指令“孔/轴”键，选择“孔-直接给出角度”方式，中心线角度为 0°，在 ϕ46 左端圆心与轴心线交点插入起点，根据提示在“起始直径”和“终止直径”两个框中填入直径值 27，然后输入 27，长度 23.5。用同样的方法绘制锥面，再根据图中的几何关系绘制 R6 过渡面，完成内孔轮廓，得到图 10-59 所示零件图形。

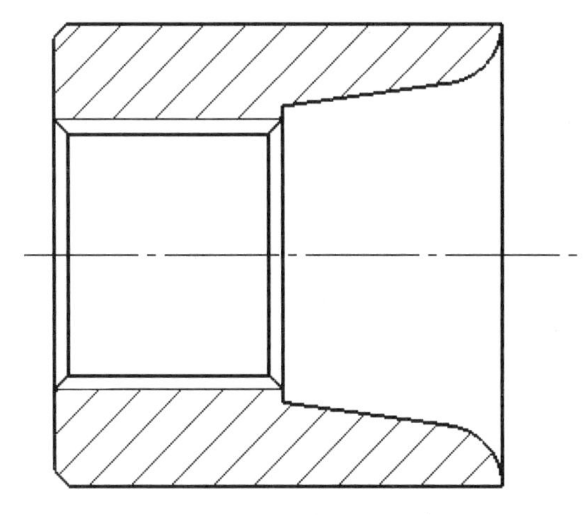

图 10-59　工件 1 零件简图

2. 工件 1 外圆工艺处理

(1) 建立工件坐标系

为了使 G 代码能够直接在实际机床上使用，需要建立工件坐标系。用鼠标左键将零件图形全部框选，然后点击鼠标右键，选择“平移”指令，根据左下角命令提示栏提示，选择“给定两点-保持原态-非正交”方式，“旋转角度”为 0°，“比例”为 1；根据提示“第一点”选择 ϕ46 与轴心线右端面的交点，“第二点”选择坐标原点，得到结果如图 10-60 所示。

(2) 设定进退刀点

点击主菜单里的“格式”，在下拉菜单中点击“点样式”，任意选择一种样式；点击绘图指令“点”，输入坐标（50，50），得到图形如图 10-61 所示，该点为程序进退刀点。

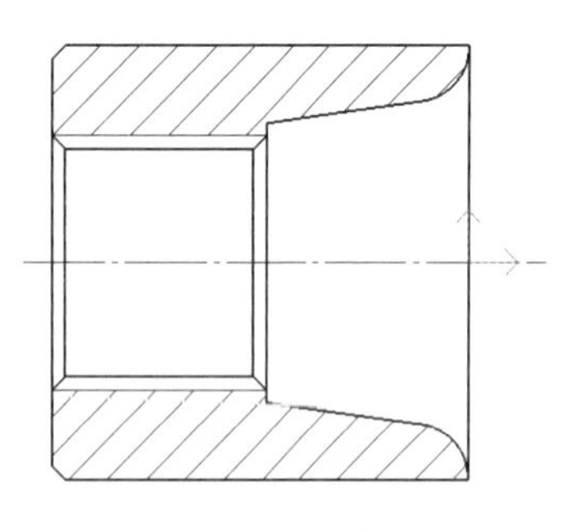

图 10-60　建立工件坐标系

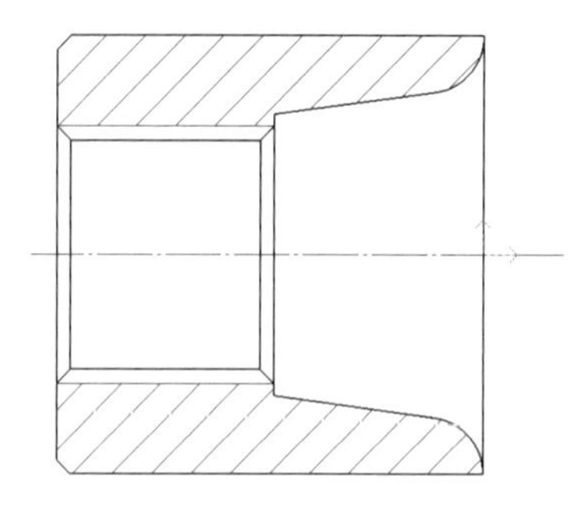

图 10-61　设定进退刀点

(3) 图形处理

画出零件毛坯和最后切槽的轨迹并将多余的线进行处理。将多余的零件轮廓线删除，只留零件表面轮廓。选择“直线”命令，选择“两点线-连续-正交”方式，依次向右作直线长度为 0.5（端面加工余量），向上作直线长度为 25（毛坯半径），向左作直线长度为 46.5（零件总长度+端面加工余量），向下与零件 ϕ46 左端点相连；重复“直线”命令，在 ϕ46 阶梯轴左端面中心向右作直线长度为 3（切刀宽度）。

为了区分不同的工艺工步，用不同颜色的线将图形再次进行处理，得到结果如图 10-62 所示。绿色：代表毛坯轮廓。粉色：代表粗、精加工轮廓。蓝色：代表切槽轮廓。

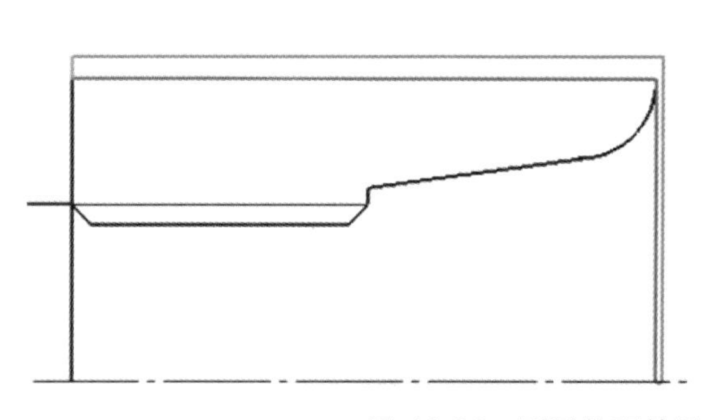

图 10-62　图形处理结果

3. 外圆制定加工工艺

① 使用粗车刀进行粗车加工。

② 使用精车刀进行精车加工。

③ 切断。

4. 轨迹生成

(1) 轮廓粗车

① 粗车刀具参数设置；

② 粗车切削用量设置；

③ 粗车进退刀方式设置；

④ 粗车加工参数表设置。

单击 CAXA 数控车软件的“数控车”菜单，并选择“轮廓粗车”，如图 10-63 所示。系统弹出“粗车参数表”对话框，如图 10-64 所示，然后按要求分别填写“加工参数”，“加工方式”为“行切方式”。“进退刀方式”在外轮廓加工中一般设置为默认值，内轮廓加工时可根据实际情况设置，避免撞刀。“切削用量”和“轮廓车刀”参数设置如图 10-65、图 10-66 所示。采用“单个拾取”（见图 10-67），则可以很容易地将被加工轮廓和毛坯轮廓区分开来，形成一个封闭的加工区域，将进退刀点确定在预先设置好的点上，得到粗加工刀具轨迹如图 10-68 所示。

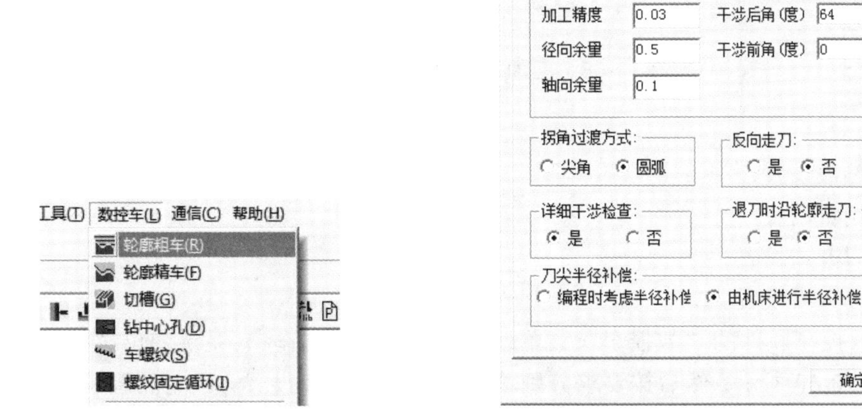

图 10-63　“轮廓粗车”菜单　　　　图 10-64　“粗车参数表”对话框

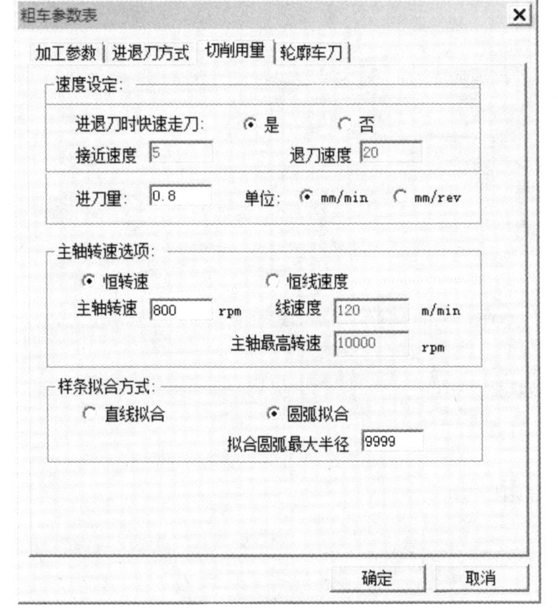

图 10-65　“切削用量”参数设置

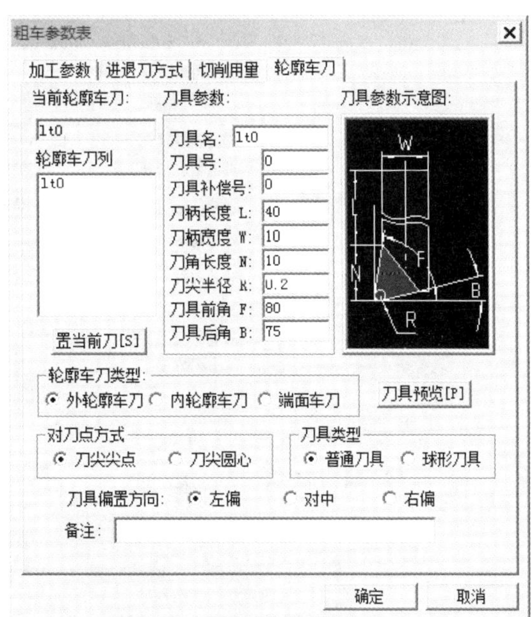

图 10-66　“轮廓车刀”参数设置

1:单个拾取　2:链拾取精度 0.0001

拾取被加工工件表面轮廓:

图 10-67　拾取方式

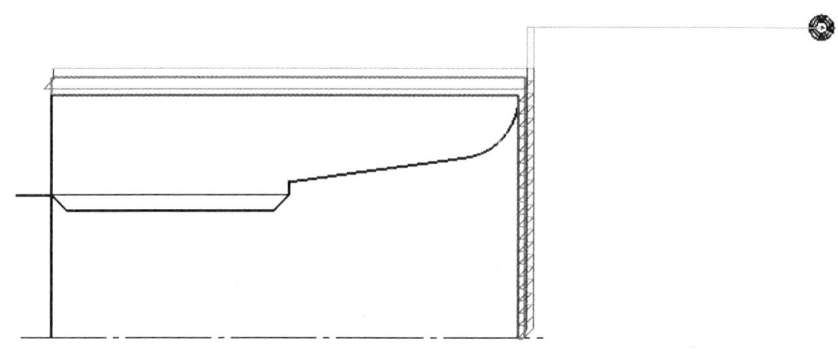

图 10-68　粗加工刀具轨迹

(2) 轮廓精车

① 精车刀具参数设置;

② 精车切削用量设置

③ 精车进退刀方式设置;

④ 精车加工参数表设置。

单击 CAXA 数控车软件的“数控车”菜单，并选择“轮廓精车”，系统弹出“精车参数表”对话框，如图 10-69 所示，然后按要求分别填写“加工参数”。设置方法与轮廓粗车类似，拾取被加工轮廓，得到精加工刀具轨迹如图 10-70 所示。

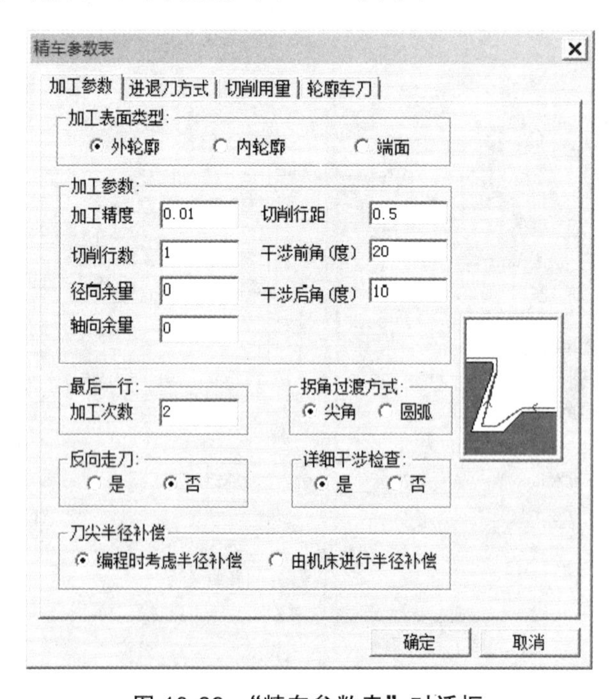

图 10-69　“精车参数表”对话框

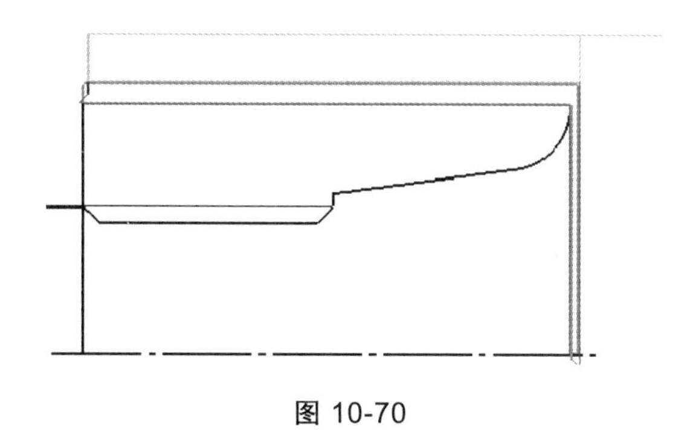

图 10-70

5. 工件 1 内孔工艺处理

(1) 建立工件坐标系

(2) 设定进退刀点

点击主菜单里的“格式”，在下拉菜单中点击“点样式”，任意选择一种样式；点击绘图指令“点”，输入坐标（50，50），得到图形如图 10-71 所示，该点为程序进退刀点。

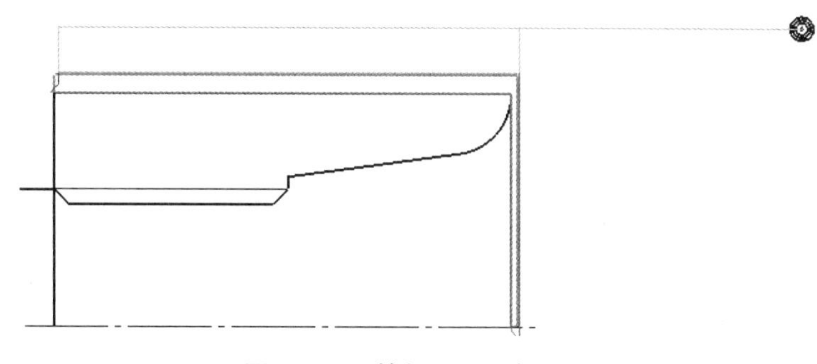

图 10-71　精加工刀具轨迹

(3) 图形处理

画出零件毛坯和最后切槽的轨迹并将多余的线进行处理。将多余的零件轮廓线删除，只留零件表面轮廓。选择“直线”命令，选择“两点线-连续-正交”方式，“第一点”为 ϕ46 右端点，“第二点”为正交向下 11，向左作直线长度为 47，向上连接 ϕ27 右端点，在 ϕ27 阶梯轴左端面中心向右作直线长度为 3（切刀宽度）。

为了区分不同的工艺工步，用不同颜色的线将图形再次进行处理，得到结果如图 10-72 所示。绿色：代表毛坯轮廓。粉色：代表粗、精加工轮廓。蓝色：代表切槽轮廓。

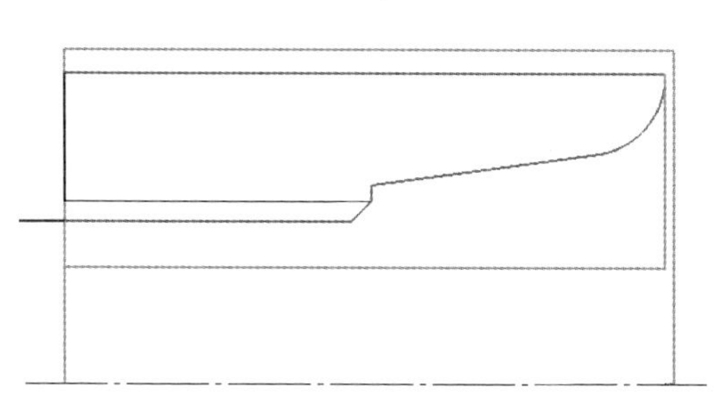

图 10-72　图形处理结果

6. 制定加工工艺

① 用 A 型中心钻钻导引孔；

② 用 ϕ24 麻花钻钻孔，深度大于 46；

③ 用粗车刀进行内轮廓粗车加工；

④ 用精车刀进行内轮廓精车加工；

⑤ 内螺纹加工；

⑥ 当内孔加工完成后，使用 3 mm 的切刀进行切断加工。

7. 轨迹生成

(1) 轮廓内孔粗车

① 粗车刀具参数设置；

② 粗车切削用量设置；

③ 粗车进退刀方式设置；

④ 粗车加工参数表设置。

单击 CAXA 数控车软件的“数控车”菜单，并选择“轮廓粗车”，如图 10-73 所示，系统弹出“粗车参数表”对话框，如图 10-74 所示，然后按要求分别填写“加工参数”，“加工方式”为“行切方式”。内轮廓加工时可根据实际情况设置，避免撞刀。“切削用量”和“轮廓车刀”参数设置如图 10-75、图 10-76 所示。

采用“单个拾取”（见图 10-77）则可以很容易地将被加工轮廓与毛坯轮廓区分开来。拾取第一条轮廓线后选取方向，依次拾取被加工轮廓，回车后再依次拾取毛坯轮廓，两个轮廓首末端分别相连，形成一个封闭的加工区域。将进退刀点确定在预先设置好的点上，得到粗加工刀具轨迹如图 10-78 所示。

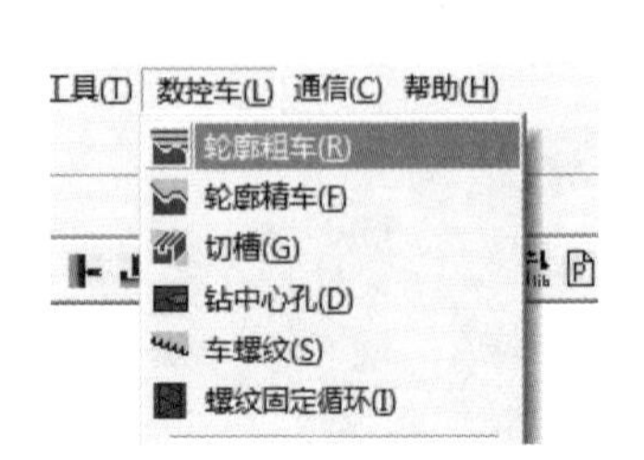

图 10-73 “轮廓粗车”菜单

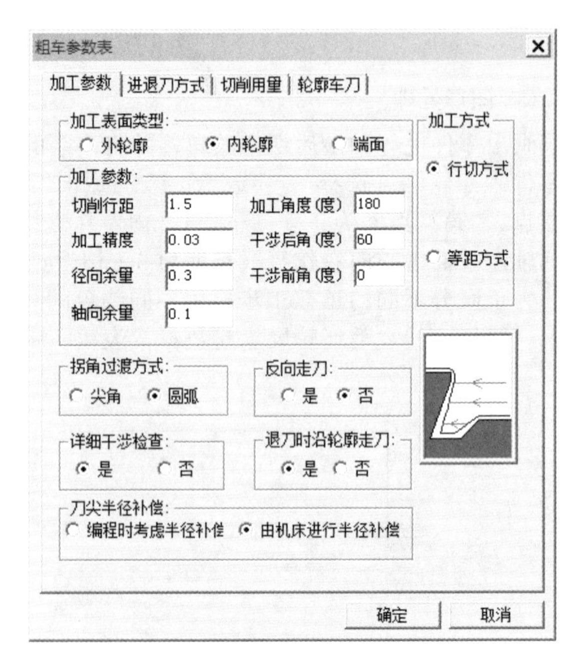

图 10-74 “粗车参数表”对话框

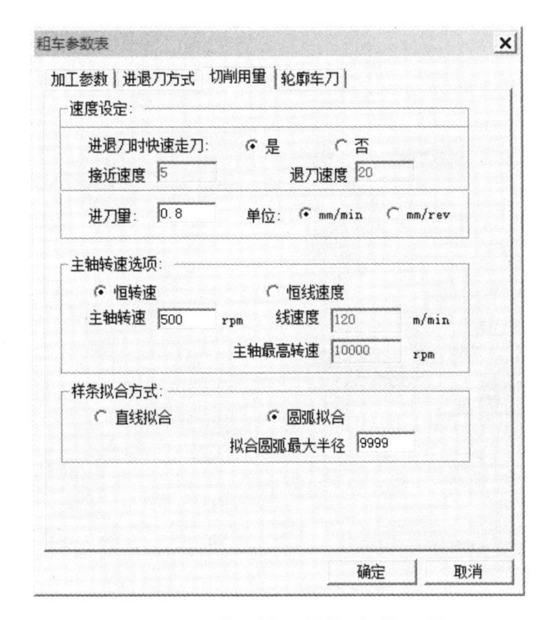

图 10-75　“切削用量”参数设置

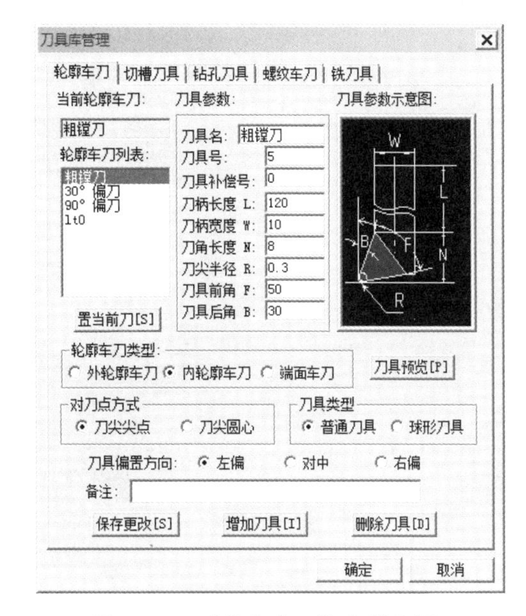

图 10-76　“轮廓车刀”参数设置

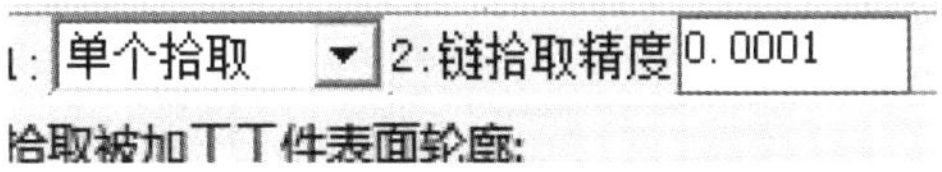

1:单个拾取　2:链拾取精度 0.0001

拾取被加工工件表面轮廓:

图 10-77　拾取方式

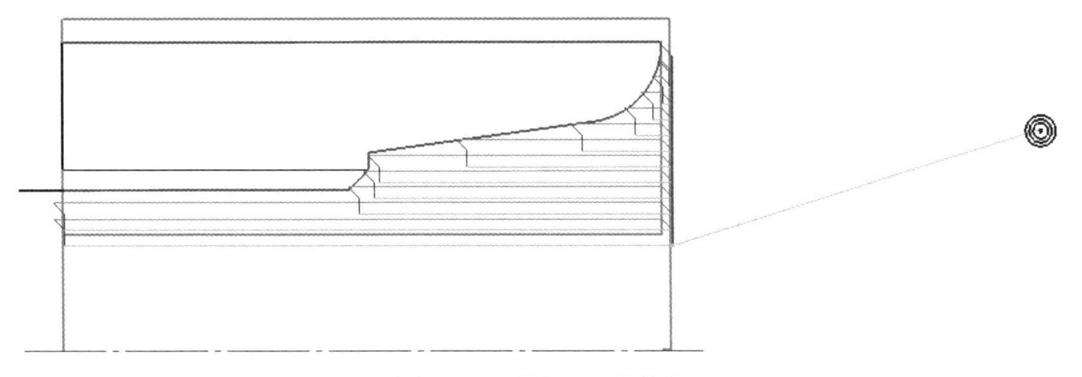

图 10-78　粗加工刀具轨迹

(2) 轮廓精车

① 精车刀具参数设置;

② 精车切削用量设置;

③ 精车进退刀方式设置;

④ 精车加工参数表设置。

单击 CAXA 数控车软件的“数控车”菜单，并选择“轮廓精车”，系统弹出“精车参数表”对话框，如图 10-79 所示，然后按要求分别填写加工参数。设置方法与轮廓粗车类似，拾取被加工轮廓，得到精加工刀具轨迹如图 10-80 所示。

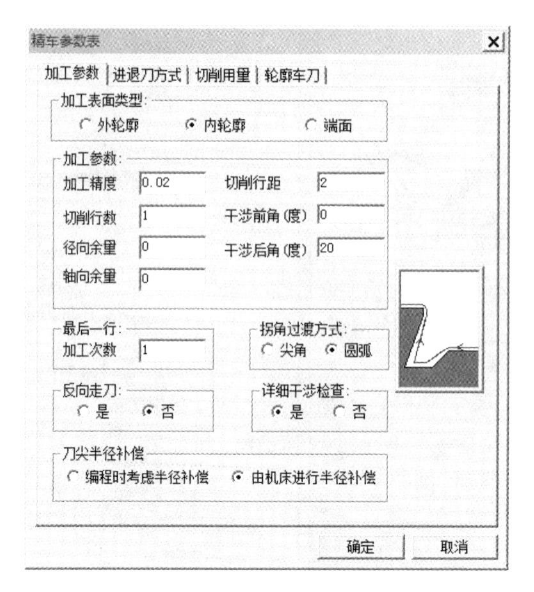

图 10-79 “精车参数表”对话框

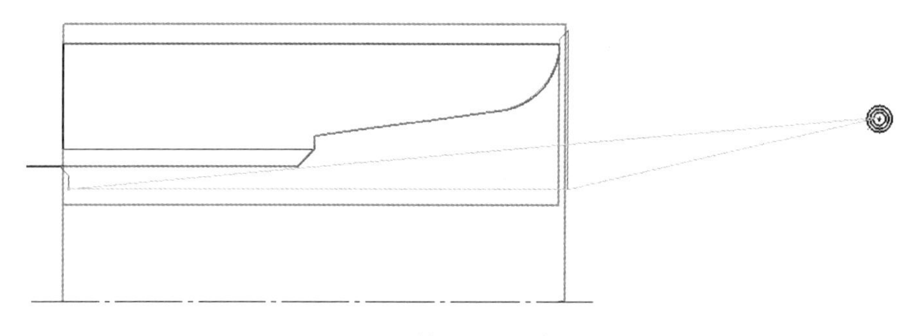

图 10-80　精加工刀具轨迹

(3) 内螺纹加工

单击 CAXA 数控车软件的“数控车”菜单，并选择“车螺纹”，系统弹出“螺纹参数表”对话框，按要求分别填写“加工参数”，得到螺纹加工刀具轨迹。(详情见第八章)

(4) 切槽

单击 CAXA 数控车软件的“数控车”菜单，并选择“切槽”，系统弹出“切槽参数表”对话框，按要求分别填写“加工参数”。注意：切槽刀具参数设置里的“刀刃宽度”要与实际加工刀具宽度一致。“编程刀位点”选择后刀尖，然后按照提示依次选择切槽轮廓，得到切槽加工刀具轨迹。(详情见第七章)

(三) 轨迹仿真

将得到的刀具轨迹进行仿真验证。单击 CAXA 数控车软件的“数控车”菜单，并选择“轨迹仿真”，选择“二维实体”模式，进入仿真界面。

(四) 后置处理

单击 CAXA 数控车软件的“数控车”菜单，依次选择“后置处理设置”和“机床类型设置”，根据实际加工环境进行设置。

(五) G 代码生成

单击 CAXA 数控车软件的“数控车”菜单，单击选择“代码生成”，选中“保存地址”和“对应数控系统”后按照工序依次选择粗加工、精加工、切槽刀具轨迹，得到该零件的加工代码。

该零件的 G 代码如下

件 2 右端： % O1234 （NC0008，07/31/20，22:11:57） N10 G50 S10000 N12 G00 G97 S500 T66 N14 M03 N16 M08 N18 G00 X50.000 Z25.000 N20 G00 X58.493 Z1.207 N22 G00 X48.493 N24 G00 X47.079 Z0.500 N26 G98 G01 Z-65.913 F120.000 N28 G00 X48.493 Z-65.206 N30 G00 X58.493 N32 G00 Z1.207 N34 G00 X45.493 N36 G00 X44.079 Z0.500 N38 G01 Z-65.913 F120.000 N40 G00 X45.493 Z-65.206 N42 G00 X55.493 N44 G00 Z1.207 N46 G00 X42.493 N48 G00 X41.079 Z0.500 N50 G01 Z-65.913 F120.000 N52 G00 X42.493 Z-65.206 N54 G00 X52.493 N56 G00 Z1.207 N58 G00 X39.493 N60 G00 X38.079 Z0.500 N62 G01 Z-55.608 F120.000 N126 G00 X34.493 N128 G00 Z1.207 N130 G00 X21.493 N132 G00 X20.079 Z0.500 N134 G01 Z-22.516 F120.000 N136 G00 X30.079 N138 G00 Z-39.080 N140 G00 X20.079 N142 G01 Z-42.023 F120.000 N144 G00 X21.493 Z-41.316 N146 G00 X31.493 N148 G00 Z1.207 N150 G00 X21.493 N152 G00 X20.079 Z0.500 N154 G01 Z-22.516 F120.000	N64 G00 X39.493 Z-54.901 N66 G00 X49.493 N68 G00 Z1.207 N70 G00 X36.493 N72 G00 X35.079 Z0.500 N74 G01 Z-54.746 F120.000 N76 G00 X36.493 Z-54.038 N78 G00 X46.493 N80 G00 Z1.207 N82 G00 X33.493 N84 G00 X32.079 Z0.500 N86 G01 Z-54.746 F120.000 N88 G00 X33.493 Z-54.038 N90 G00 X43.493 N92 G00 Z1.207 N94 G00 X30.493 N96 G00 X29.079 Z0.500 N98 G01 Z-42.376 F120.000 N100 G00 X30.493 Z-41.669 N102 G00 X40.493 N104 G00 Z1.207 N106 G00 X27.493 N108 G00 X26.079 Z0.500 N110 G01 Z-42.023 F120.000 N112 G00 X27.493 Z-41.316 N114 G00 X37.493 N116 G00 Z1.207 N118 G00 X24.493 N120 G00 X23.079 Z0.500 N122 G01 Z-42.023 F120.000 N124 G00 X24.493 Z-41.316 N214 G01 Z-0.416 F120.000 N216 G00 X6.493 Z0.291 N218 G00 X16.493 N220 G00 Z1.207 N222 G00 X3.493 N224 G00 X2.079 Z0.500 N226 G01 Z-0.076 F120.000 N228 G00 X3.493 Z0.631 N230 G00 X31.493 N232 G00 Z-38.373 N234 G00 X21.493 N236 G00 X20.079 Z-39.080 N238 G01 Z-42.023 F120.000 N240 G00 X21.493 Z-41.316 N242 G00 X58.493

```
N156 G00 X21.493 Z-21.809
N158 G00 X31.493
N160 G00 Z1.207
N162 G00 X18.493
N164 G00 X17.079 Z0.500
N166 G01 Z-22.516 F120.000
N168 G00 X18.493 Z-21.809
N170 G00 X28.493
N172 G00 Z1.207
N174 G00 X15.493
N176 G00 X14.079 Z0.500
N178 G01 Z-3.820 F120.000
N180 G00 X15.493 Z-3.113
N182 G00 X25.493
N184 G00 Z1.207
N186 G00 X12.493
N188 G00 X11.079 Z0.500
N190 G01 Z-2.113 F120.000
N192 G00 X12.493 Z-1.406
N194 G00 X22.493
N196 G00 Z1.207
N198 G00 X9.493
N200 G00 X8.079 Z0.500
N202 G01 Z-1.064 F120.000
N204 G00 X9.493 Z-0.357
N206 G00 X19.493
N208 G00 Z1.207
N210 G00 X6.493
N212 G00 X5.079 Z0.500
N298 G01 Z-22.516
N300 G01 X20.004
N302 G01 X22.900 Z-23.964
N304 G01 Z-36.836
N306 G01 X21.071 Z-42.023
N308 G01 X26.541
N310 G03 X30.534 Z-44.020 I0.000 K-1.996
N312 G01 Z-54.746
N244 G00 X50.000 Z25.000
N246 G00 G97 S800 T50
N248 M03
N250 M08
N252 G00 X50.000 Z25.000
N254 G00 X50.429 Z0.710
N256 G00 X-1.926
N258 G00 X-0.518 Z-0.000
N260 G98 G03 X16.963 Z-8.823 I-0.041 K-8.782 F80.000
N262 G01 Z-22.516
N264 G01 X20.004
N266 G01 X22.900 Z-23.964
N268 G01 Z-36.836
N270 G01 X21.071 Z-42.023
N272 G01 X26.541
N274 G03 X30.534 Z-44.020 I0.000 K-1.996
N276 G01 Z-54.746
N278 G01 X36.119
N280 G01 X39.015 Z-56.193
N282 G01 Z-65.013
N284 G01 Z-66.013
N286 G00 X40.429 Z-65.306
N288 G00 X50.429
N290 G00 Z0.710
N292 G00 X-1.926
N294 G00 X-0.518 Z-0.000
N296 G03 X16.963 Z-8.823 I-0.041 K-8.782 F80.000
N314 G01 X36.119
N316 G01 X39.015 Z-56.193
N318 G01 Z-65.013
N320 G01 Z-66.013
N322 G00 X40.429 Z-65.306
N324 G00 X50.429
N326 G00 X50.000 Z25.000
N328 M09
N330 M30
```

件 2 左端

```
%
O1234
（NC0010，07/31/20，22:15:56）
N10 G50 S10000
N12 G00 G97 S500 T50
N14 M03
N16 M08
N18 G00 X50.000 Z25.000
N20 G00 X16.718 Z0.707
N22 G00 X18.718
N24 G00 X20.132 Z0.000
N26 G98 G01 Z-17.811 F100.000
N70 G00 Z-0.088
N72 G98 G01 X22.900 Z-1.024 F60.000
N74 G01 Z-17.811
N76 G01 X18.732
N78 G00 X20.147 Z-17.104
N80 G00 X16.732
N82 G00 Z0.912
N84 G00 X24.772
N86 G00 Z-0.088
N88 G01 X22.900 Z-1.024 F60.000
N90 G01 Z-17.811
N92 G01 X18.732
N94 G00 X20.147 Z-17.104
```

```
N28 G00 X18.718 Z-17.104
N30 G00 X16.718
N32 G00 Z0.707
N34 G00 X20.718
N36 G00 X22.132 Z0.000
N38 G01 Z-17.811 F100.000
N40 G00 X20.718 Z-17.104
N42 G00 X18.718
N44 G00 Z0.707
N46 G00 X22.718
N48 G00 X24.132 Z0.000
N50 G01 Z-0.408 F100.000
N52 G00 X22.718 Z0.299
N54 G00 X16.718
N56 G00 X50.000 Z25.000
N58 G00 G97 S800 T50
N60 M03
N62 M08
N64 G00 X24.265 Z25.000
N66 G00 X16.732 Z0.912
N68 G00 X24.772
N96 G00 X16.732
N98 G00 X24.265 Z25.000
N100 M09
N102 M30
%
```

件 1：

```
%
O1234
（NC0011，07/31/20，22:36:17）
N10 G50 S10000
N12 G00 G97 S800 T50
N14 M03
N16 M08
N18 G00 X40.508 Z-13.765
N20 G00 X43.414 Z1.207
N22 G00 X41.414
N24 G00 X40.000 Z0.500
N26 G98 G01 Z-39.615 F60.000
N28 G00 X41.414 Z-38.908
N30 G00 X43.414
N32 G00 Z1.207
N34 G00 X39.414
N36 G00 X38.000 Z0.500
N38 G01 Z-0.000 F60.000
N40 G00 X39.414 Z0.707
N42 G00 X41.414
N44 G00 Z1.207
N46 G00 X37.414
N48 G00 X36.000 Z0.500
N50 G01 Z-0.000 F60.000
N52 G00 X37.414 Z0.707
N54 G00 X39.414
N56 G00 Z1.207
N58 G00 X35.414
N60 G00 X34.000 Z0.500
N86 G01 Z-0.000 F60.000
N88 G00 X31.414 Z0.707
N90 G00 X33.414
N92 G00 Z1.207
N94 G00 X29.414
N96 G00 X28.000 Z0.500
N98 G01 Z-0.000 F60.000
N100 G00 X29.414 Z0.707
N102 G00 X31.414
N104 G00 Z1.207
N106 G00 X27.414
N108 G00 X26.000 Z0.500
N110 G01 Z-0.000 F60.000
N112 G00 X27.414 Z0.707
N114 G00 X29.414
N116 G00 Z1.207
N118 G00 X25.414
N120 G00 X24.000 Z0.500
N122 G01 Z-0.000 F60.000
N124 G00 X25.414 Z0.707
N126 G00 X27.414
N128 G00 Z1.207
N130 G00 X23.414
N132 G00 X22.000 Z0.500
N134 G01 Z-0.000 F60.000
N136 G00 X23.414 Z0.707
N138 G00 X25.414
N140 G00 Z1.207
N142 G00 X21.414
N144 G00 X20.000 Z0.500
```

```
N62 G01 Z-0.000 F60.000
N64 G00 X35.414 Z0.707
N66 G00 X37.414
N68 G00 Z1.207
N70 G00 X33.414
N72 G00 X32.000 Z0.500
N74 G01 Z-0.000 F60.000
N76 G00 X33.414 Z0.707
N78 G00 X35.414
N80 G00 Z1.207
N82 G00 X31.414
N84 G00 X30.000 Z0.500
N170 G01 Z-0.000 F60.000
N172 G00 X17.414 Z0.707
N174 G00 X19.414
N176 G00 Z1.207
N178 G00 X15.414
N180 G00 X14.000 Z0.500
N182 G01 Z-0.000 F60.000
N184 G00 X15.414 Z0.707
N186 G00 X17.414
N188 G00 Z1.207
N190 G00 X13.414
N192 G00 X12.000 Z0.500
N194 G01 Z-0.000 F60.000
N196 G00 X13.414 Z0.707
N198 G00 X15.414
N200 G00 Z1.207
N202 G00 X11.414
N204 G00 X10.000 Z0.500
N206 G01 Z-0.000 F60.000
N208 G00 X11.414 Z0.707
N210 G00 X13.414
N212 G00 Z1.207
N214 G00 X9.414
N216 G00 X8.000 Z0.500
N218 G01 Z-0.000 F60.000
N220 G00 X9.414 Z0.707
N222 G00 X11.414
N224 G00 Z1.207
N226 G00 X7.414
N228 G00 X6.000 Z0.500
N230 G01 Z-0.000 F60.000
N232 G00 X7.414 Z0.707
N234 G00 X9.414
N236 G00 Z1.207
N238 G00 X5.414
N240 G00 X4.000 Z0.500
N242 G01 Z-0.000 F60.000
N244 G00 X5.414 Z0.707
N246 G00 X7.414
N248 G00 Z1.207
N250 G00 X3.414
N146 G01 Z-0.000 F60.000
N148 G00 X21.414 Z0.707
N150 G00 X23.414
N152 G00 Z1.207
N154 G00 X19.414
N156 G00 X18.000 Z0.500
N158 G01 Z-0.000 F60.000
N160 G00 X19.414 Z0.707
N162 G00 X21.414
N164 G00 Z1.207
N166 G00 X17.414
N168 G00 X16.000 Z0.500
N258 G00 X5.414
N260 G00 Z1.207
N262 G00 X1.414
N264 G00 X0.000 Z0.500
N266 G01 Z-0.000 F60.000
N268 G00 X1.414 Z0.707
N270 G00 X43.414
N272 G00 X40.508 Z-13.765
N274 M01
N276 G50 S10000
N278 G00 G97 S800 T50
N280 M03
N282 M08
N284 G00 X50.000 Z25.000
N286 G00 Z0.707
N288 G00 X42.429
N290 G00 X-2.014
N292 G00 X-0.600 Z-0.000
N294 G98 G01 X14.023 F60.000
N296 G01 X39.015
N298 G01 Z-39.315
N300 G00 X40.429 Z-38.608
N302 G00 X42.429
N304 G00 Z0.707
N306 G00 X-2.014
N308 G00 X-0.600 Z-0.000
N310 G01 X14.023 F60.000
N312 G01 X39.015
N314 G01 Z-39.315
N316 G00 X40.429 Z-38.608
N318 G00 X42.429
N320 G00 X50.000
N322 G00 Z25.000
N324 M01
N326 G50 S10000
N328 G00 G97 S800 T50
N330 M03
N332 M08
N334 G00 X13.209 Z0.707
N336 G00 X15.209
N338 G00 X16.623 Z-0.000
```

```
N252 G00 X2.000 Z0.500
N254 G01 Z-0.000 F60.000
N256 G00 X3.414 Z0.707
N346 G00 Z0.707
N348 G00 X17.209
N350 G00 X18.623 Z-0.000
N352 G01 Z-39.615 F60.000
N354 G00 X17.209 Z-38.908
N356 G00 X15.209
N358 G00 Z0.707
N360 G00 X19.209
N362 G00 X20.623 Z-0.000
N364 G01 Z-20.398 F60.000
N366 G00 X19.209 Z-19.690
N368 G00 X17.209
N370 G00 Z0.707
N372 G00 X21.209
N374 G00 X22.623 Z-0.000
N376 G01 Z-19.398 F60.000
N378 G00 X21.209 Z-18.690
N380 G00 X19.209
N382 G00 Z0.707
N384 G00 X23.209
N386 G00 X24.623 Z-0.000
N388 G01 Z-19.083 F60.000
N390 G00 X23.209 Z-18.376
N392 G00 X21.209
N394 G00 Z0.707
N396 G00 X25.209
N398 G00 X26.623 Z-0.000
N400 G01 Z-13.345 F60.000
N402 G00 X25.209 Z-12.638
N404 G00 X23.209
N406 G00 Z0.707
N408 G00 X27.209
N410 G00 X28.623 Z-0.000
N412 G01 Z-5.835 F60.000
N414 G00 X27.209 Z-5.128
N416 G00 X25.209
N418 G00 Z0.707
N420 G00 X29.209
N422 G00 X30.623 Z-0.000
N424 G01 Z-2.418 F60.000
N426 G00 X29.209 Z-1.711
N428 G00 X27.209
N430 G00 Z0.707
N432 G00 X31.209
N518 G01 X25.095 Z-19.083
N520 G01 X23.252
N522 G01 X20.356 Z-20.531
N524 G01 Z-39.315
N526 G00 X18.941 Z-38.608
N340 G98 G01 Z-39.615 F60.000
N342 G00 X15.209 Z-38.908
N344 G00 X13.209
N434 G00 X32.623 Z-0.000
N436 G01 Z-1.288 F60.000
N438 G00 X31.209 Z-0.581
N440 G00 X29.209
N442 G00 Z0.707
N444 G00 X33.209
N446 G00 X34.623 Z-0.000
N448 G01 Z-0.613 F60.000
N450 G00 X33.209 Z0.094
N452 G00 X31.209
N454 G00 Z0.707
N456 G00 X35.209
N458 G00 X36.623 Z-0.000
N460 G01 Z-0.212 F60.000
N462 G00 X35.209 Z0.495
N464 G00 X33.209
N466 G00 Z0.707
N468 G00 X37.209
N470 G00 X38.623 Z-0.000
N472 G01 Z-0.023 F60.000
N474 G00 X37.209 Z0.684
N476 G00 X13.209
N478 G00 X50.000 Z25.000
N480 M01
N482 G50 S10000
N484 G00 G97 S800 T50
N486 M03
N488 M08
N490 G00 X16.941 Z0.707
N492 G00 X41.029
N494 G00 X39.615 Z-0.000
N496 G98 G02 X28.931 Z-4.678 I0.000 K-5.389 F60.000
N498 G01 X25.095 Z-19.083
N500 G01 X23.252
N502 G01 X20.356 Z-20.531
N504 G01 Z-39.315
N506 G00 X18.941 Z-38.608
N508 G00 X16.941
N510 G00 Z0.707
N512 G00 X41.029
N514 G00 X39.615 Z-0.000
N516 G02 X28.931 Z-4.678 I0.000 K-5.389 F60.000
N528 G00 X16.941
N530 G00 X50.000 Z25.000
N532 M09
N534 M30
%
```

思考与练习

一、填空题

1. 在 CAXA 数控车中，曲线有________________、________________、________________、________________、________________等类型。

2. 在 CAXA 数控车系统的功能键中，显示缩小按________键，显示放大按________键显示全部图形按________键。

3. 用鼠标________键可以确认拾取、结束操作或终止命令等。

4. CAXA 数控车为用户提供了查询功能，可以查询________________、________________、________________等内容。

5. 裁剪操作分为________________、________________、________________三种方式。

6. 生成数控程序时，系统根据________________的定义，生成用户所需的特定代码格式的加工指令。

7. 激活点菜单用键盘的________________。

8. 切槽功能用于在工件____________表面、____________表面和____________面切槽。被加工轮廓就是加工结束后的___________轮廓，被加工轮廓和毛坯轮廓不能___________或___________。

9. 切深步距是指粗车槽时，刀具每一次______________________向切槽的切入量。

10. 钻孔功能用于在工件的____________________________钻中心孔。

二、选择题

1. 在下列代码中，属于非模态代码的是（　　）。

A. M03　　B. F150　　C. S250　　D. G04

2. 使用快速定位指令 G00 时，刀具整个运动轨迹（　　），因此要注意防止刀具和工件及夹具发生干涉。

A. 与坐标轴方向一致　　B. 不一定是直线

C. 按编程时给定的速度运动　　D. 一定是直线

三、判断题

1. 进行轮廓的粗车操作时，要确定被加工轮廓和待加工轮廓。（　　）

2. 被加工轮廓和毛坯轮廓不能单独闭合或自相交。（　　）

3. 恒线速度是切削过程中按指定的线速度值保持线速度恒定。（　　）

4. M09 是冷却液开。（　　）

5. CAXA 数控车预定了一些快捷键，其中“粘贴”用 Ctrl+N 表示。（　　）

四、简答题

1. CAXA 数控车的主要特点是什么？

2. 切槽时应如何选择刀具？

3. CAXA 数控车能实现哪些加工？

4. CAXA 数控车能实现哪些孔的加工？

5. 什么是两轴加工？

五、上机练习题

1. 完成图 10-81 所示零件的工艺分析并自动编程。

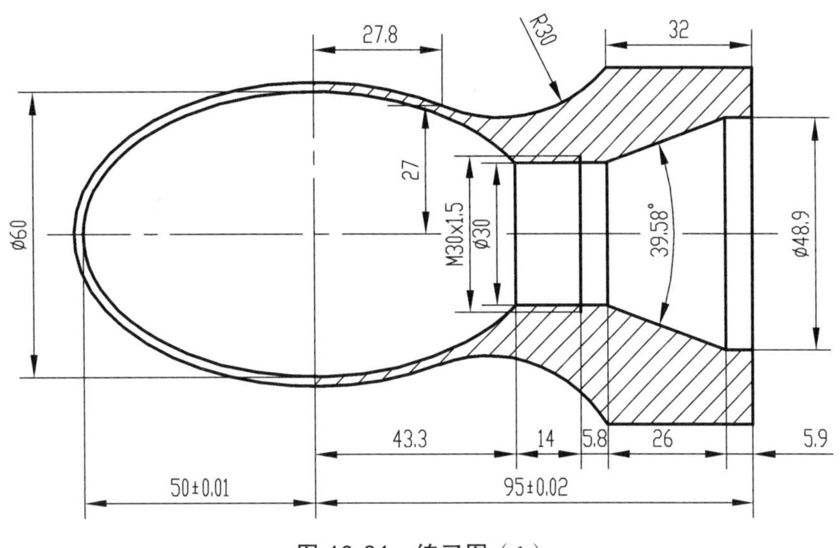

图 10-81 练习图（1）

2. 完成图 10-82 所示零件的工艺分析并自动编程。

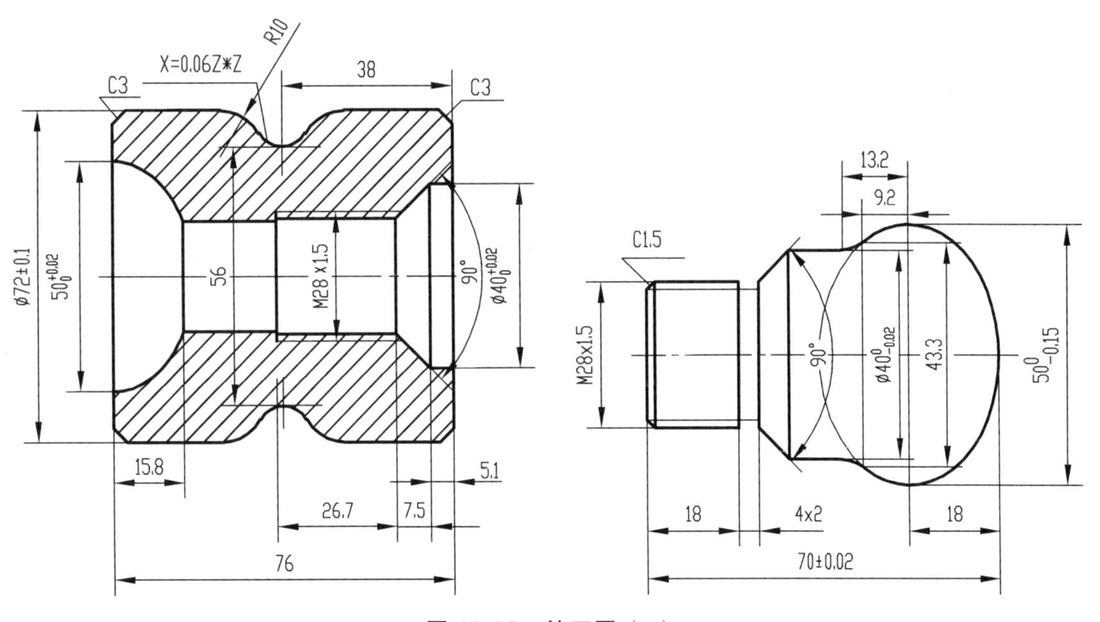

图 10-82 练习图（2）

附　录

一、常用材料机械加工切削参数推荐表

45 钢热轧状态（硬度：187HB）外圆车削

类别	Ra	d_w	高速钢车刀（W18Cr4V 等）			硬质合金车刀（YT15 等）		
			a_p / mm	f /(mm/r)	v / (m/min)	a_p / mm	f / (mm/r)	v / (m/min)
粗车	6.3	20	1	0.4	30	2	0.4	100
			2	0.2	20	3	0.2	80
		100	2	0.4	30	3	0.4	100
			3	0.2	20	4	0.2	80
精车	3.2	20	0.1	0.03 ~ 0.07	15 ~ 25	0.2	0.1 ~ 0.15	50 ~ 80
			0.2	0.03 ~ 0.07	15 ~ 25	0.3	0.1 ~ 0.15	50 ~ 80
		100	0.1	0.05 ~ 0.08	30 ~ 50	0.3	0.2 ~ 0.3	100 ~ 130
			0.2	0.05 ~ 0.08	30 ~ 50	0.4	0.15 ~ 0.2	100 ~ 130

45 钢热轧状态（硬度：187HB）内圆车削

类别	Ra	d_w	高速钢车刀（W18Cr4V 等）			硬质合金车刀（YT15 等）		
			a_p / mm	f / (mm/r)	v / (m/min)	a_p / mm	f / (mm/r)	v / (m/min)
粗车	6.3	20	0.6	0.1	30	1	0.1	100
			1.2	0.07	20	2	0.07	80
		100	2	0.1	30	3	0.4	100
			3	0.07	20	4	0.2	80
精车	3.2	20	0.1	0.03 ~ 0.07	15 ~ 25	0.2	0.1 ~ 0.15	50 ~ 80
			0.2	0.03 ~ 0.07	15 ~ 25	0.3	0.1 ~ 0.15	50 ~ 80
		100	0.1	0.05 ~ 0.08	30 ~ 50	0.3	0.2 ~ 0.3	80 ~ 100
			0.2	0.05 ~ 0.08	30 ~ 50	0.4	0.15 ~ 0.2	80 ~ 100

45 钢调质状态（硬度：28～32HRC）外圆车削

类别	Ra	d_w	高速钢车刀（W18Cr4V 等）			硬质合金车刀（YT15 等）		
			a_p / mm	f / (mm/r)	v / (m/min)	a_p / mm	f / (mm/r)	v / (m/min)
粗车	6.3	20	1	0.4	25	2	0.4	90
			2	0.2	17	3	0.2	70
		100	2	0.4	25	3	0.4	90
			3	0.2	17	4	0.2	70
精车	3.2	20	0.1	0.03～0.07	15～20	0.2	0.1～0.15	60～80
			0.2	0.03～0.07	15～20	0.3	0.1～0.15	60～80
		100	0.1	0.05～0.08	15～20	0.3	0.2～0.3	90～110
			0.2	0.05～0.08	15～20	0.4	0.15～0.2	90～110

45 钢调质状态（硬度：28～32HRC）内圆车削

类别	Ra	d_w	高速钢车刀（W18Cr4V 等）			硬质合金车刀（YT15 等）		
			a_p / mm	f / (mm/r)	v / (m/min)	a_p / mm	f / (mm/r)	v / (m/min)
粗车	6.3	20	0.6	0.1	25	0.8	0.1	90
			1	0.07	17	1.2	0.07	70
		100	2	0.1	25	3	0.4	90
			3	0.07	17	4	0.2	70
精车	3.2	20	0.1	0.03～0.07	15～20	0.2	0.1～0.15	60～80
			0.2	0.03～0.07	15～20	0.3	0.1～0.15	60～80
		100	0.1	0.05～0.08	15～20	0.3	0.2～0.3	90～110
			0.2	0.05～0.08	15～20	0.4	0.15～0.2	90～110

40Cr 钢热轧状态（硬度：212HB）外圆车削

类别	Ra	d_w	高速钢车刀（W18Cr4V 等）			硬质合金车刀（YT15 等）		
			a_p / mm	f / (mm/r)	v / (m/min)	a_p / mm	f / (mm/r)	v / (m/min)
粗车	6.3	20	1	0.3	27	1.5	0.3	90
			2	0.2	18	2	0.2	70
		100	2	0.3	27	3	0.3	90
			3	0.2	18	4	0.2	70
精车	3.2	20	0.1	0.03～0.07	15～25	0.2	0.1～0.15	50～80
			0.2	0.03～0.07	15～25	0.3	0.1～0.15	50～80
		100	0.1	0.05～0.08	30～40	0.3	0.2～0.3	100～110
			0.2	0.05～0.08	30～40	0.4	0.15～0.2	100～110

40Cr 钢热轧状态（硬度：212HB）内圆车削

类别	Ra	d_w	高速钢车刀（W18Cr4V 等）			硬质合金车刀（YT15 等）		
			a_p / mm	f / (mm/r)	v / (m/min)	a_p / mm	f / (mm/r)	v / (m/min)
粗车	6.3	20	0.6	0.2	27	0.8	0.2	90
			1	0.1	18	1.2	0.1	70
		100	2	0.2	27	2	0.2	90
			2.5	0.1	18	2.5	0.1	70
精车	3.2	20	0.1	0.03 ~ 0.07	15 ~ 25	0.2	0.1 ~ 0.15	50 ~ 80
			0.2	0.03 ~ 0.07	15 ~ 25	0.3	0.1 ~ 0.15	50 ~ 80
		100	0.1	0.05 ~ 0.08	30 ~ 40	0.3	0.2 ~ 0.3	100 ~ 110
			0.2	0.05 ~ 0.08	30 ~ 40	0.4	0.15 ~ 0.2	100 ~ 110

40Cr 钢调质状态（硬度：28 ~ 32HRC）外圆车削

类别	Ra	d_w	高速钢车刀（W18Cr4V 等）			硬质合金车刀（YT15 等）		
			a_p / mm	f / (mm/r)	v / (m/min)	a_p / mm	f / (mm/r)	v / (m/min)
粗车	6.3	20	1	0.3	23	1.5	0.3	85
			2	0.2	15	2	0.2	65
		100	2	0.3	23	3	0.3	85
			3	0.2	15	4	0.2	65
精车	3.2	20	0.1	0.03 ~ 0.07	15 ~ 20	0.2	0.1 ~ 0.15	50 ~ 75
			0.2	0.03 ~ 0.07	15 ~ 20	0.3	0.1 ~ 0.15	50 ~ 75
		100	0.1	0.05 ~ 0.08	30 ~ 35	0.3	0.2 ~ 0.3	90 ~ 100
			0.2	0.05 ~ 0.08	30 ~ 35	0.4	0.15 ~ 0.2	90 ~ 100

40Cr 钢调质状态（硬度：28 ~ 32HRC）内圆车削

类别	Ra	d_w	高速钢车刀（W18Cr4V 等）			硬质合金车刀（YT15 等）		
			a_p / mm	f / (mm/r)	v / (m/min)	a_p / mm	f / (mm/r)	v / (m/min)
粗车	6.3	20	0.6	0.2	23	0.8	0.2	85
			1	0.1	15	1.2	0.1	65
		100	1.5	0.2	23	1.5	0.2	85
			2	0.1	15	2	0.1	65
精车	3.2	20	0.1	0.03 ~ 0.07	15 ~ 20	0.2	0.1 ~ 0.15	50 ~ 75
			0.2	0.03 ~ 0.07	15 ~ 20	0.3	0.1 ~ 0.15	50 ~ 75
		100	0.1	0.05 ~ 0.08	30 ~ 35	0.3	0.2 ~ 0.3	90 ~ 100
			0.2	0.05 ~ 0.08	30 ~ 35	0.4	0.15 ~ 0.2	90 ~ 100

H62 硬化状态（硬度：164HB）外圆车削

类别	Ra	d_w	高速钢车刀（W18Cr4V 等）			硬质合金车刀（YG8 等）		
			a_p / mm	f / (mm/r)	v / (m/min)	a_p / mm	f / (mm/r)	v / (m/min)
粗车	6.3	20	1 ~ 2	0.4	80	2	0.4	150
			2 ~ 3	0.2	60	3	0.2	120
		100	1 ~ 2	0.4	80	3	0.4	150
			2 ~ 4	0.2	60	4	0.2	120
精车	1.6	20	0.1	0.03 ~ 0.07	80	0.2	0.08 ~ 0.1	130 ~ 150
			0.2	0.03 ~ 0.07	60	0.3	0.08 ~ 0.1	130 ~ 150
		100	0.1	0.05 ~ 0.08	80	0.2	0.1 ~ 0.15	130 ~ 150
			0.2	0.05 ~ 0.08	60	0.3	0.1 ~ 0.15	130 ~ 150

H62 硬化状态（硬度：164HB）内圆车削

类别	Ra	d_w	高速钢车刀（W18Cr4V 等）			硬质合金车刀（YG8 等）		
			a_p / mm	f / (mm/r)	v / (m/min)	a_p / mm	f / (mm/r)	v / (m/min)
粗车	6.3	20	0.6	0.2	60	0.8	0.2	120
			1	0.1	50	1.2	0.1	100
		100	1	0.2	60	1	0.2	120
			2	0.1	50	2	0.1	100
精车	1.6	20	0.1	0.03 ~ 0.07	60	0.2	0.08 ~ 0.1	100 ~ 130
			0.2	0.03 ~ 0.07	50	0.3	0.08 ~ 0.1	100 ~ 130
		100	0.1	0.05 ~ 0.08	60	0.2	0.1 ~ 0.15	100 ~ 130
			0.2	0.05 ~ 0.08	50	0.3	0.1 ~ 0.15	100 ~ 130

2A12-T4 固溶处理并时效状态（硬度：105HB）外圆车削

类别	Ra	d_w	高速钢车刀（W18Cr4V 等）			硬质合金车刀（YG8 等）		
			a_p / mm	f / (mm/r)	v / (m/min)	a_p / mm	f / (mm/r)	v / (m/min)
粗车	6.3	20	1 ~ 2	0.4	250	2	0.4	500
			2 ~ 3	0.2	200	3	0.2	350
		100	1 ~ 2	0.4	250	3	0.4	500
			2 ~ 4	0.2	200	4	0.2	350
精车	1.6	20	0.1	0.03 ~ 0.07	300	0.2	0.08 ~ 0.1	500
			0.2	0.03 ~ 0.07	250	0.3	0.08 ~ 0.1	350
		100	0.1	0.05 ~ 0.08	300	0.2	0.1 ~ 0.15	500
			0.2	0.05 ~ 0.08	250	0.3	0.1 ~ 0.15	350

2A12-T4 固溶处理并时效状态（硬度：105HB）内圆车削

类别	Ra	d_w	高速钢车刀（W18Cr4V 等）			硬质合金车刀（YG8 等）		
			a_p / mm	f / (mm/r)	v / (m/min)	a_p / mm	f / (mm/r)	v / (m/min)
粗车	6.3	20	0.6	0.2	250	0.8	0.2	400
			1	0.1	200	1.2	0.1	300
		100	1	0.2	250	1	0.2	400
			2	0.1	200	2	0.1	300
精车	1.6	20	0.1	0.03 ~ 0.07	300	0.2	0.08 ~ 0.1	500
			0.2	0.03 ~ 0.07	250	0.3	0.08 ~ 0.1	350
		100	0.1	0.05 ~ 0.08	300	0.2	0.1 ~ 0.15	500
			0.2	0.05 ~ 0.08	250	0.3	0.1 ~ 0.15	350

TC4 固溶处理并时效状态（硬度：320 ~ 380HB）外圆车削

类别	Ra	d_w	高速钢车刀（W18Cr4V 等）			硬质合金车刀（YG8 等）		
			a_p / mm	f / (mm/r)	v / (m/min)	a_p / mm	f / (mm/r)	v / (m/min)
粗车	6.3	20	1	0.2	17	1	0.2	45
			2	0.15	15	2	0.15	30
		100	2	0.2	17	3	0.2	45
			3	0.15	15	4	0.15	30
精车	1.6	20	0.1	0.03 ~ 0.07	15 ~ 20	0.2	0.1 ~ 0.15	30 ~ 50
			0.2	0.03 ~ 0.07	15 ~ 20	0.3	0.1 ~ 0.15	30 ~ 50
		100	0.1	0.05 ~ 0.08	15 ~ 20	0.3	0.2 ~ 0.3	30 ~ 50
			0.2	0.05 ~ 0.08	15 ~ 20	0.4	0.15 ~ 0.2	30 ~ 50

TC4 固溶处理并时效状态（硬度：320 ~ 380HB）内圆车削

类别	Ra	d_w	高速钢车刀（W18Cr4V 等）			硬质合金车刀（YG8 等）		
			a_p / mm	f / (mm/r)	v / (m/min)	a_p / mm	f / (mm/r)	v / (m/min)
粗车	6.3	20	0.6	0.15	17	0.8	0.15	40
			1	0.1	15	1.2	0.1	30
		100	1	0.15	17	1	0.15	40
			2	0.1	15	2	0.1	30
精车	1.6	20	0.1	0.03 ~ 0.07	15 ~ 20	0.2	0.03 ~ 0.07	30 ~ 50
			0.2	0.03 ~ 0.07	15 ~ 20	0.3	0.03 ~ 0.07	30 ~ 50
		100	0.1	0.05 ~ 0.08	15 ~ 20	0.2	0.05 ~ 0.08	30 ~ 50
			0.2	0.05 ~ 0.08	15 ~ 20	0.3	0.05 ~ 0.08	30 ~ 50

二、车削要素

切削速度 v：工件旋转的线速度，单位为 m/min。

进给量 f：工件每旋转一周，工件与刀具的相对位移量，单位为 mm/r。

切削深度 a_p：垂直于进给运动方向测量的切削层横截面尺寸，单位为 mm。

Ra：以轮廓算术平均偏差评定的表面粗糙度参数，单位为 μm。

d_w：工件直径，单位为 mm。

切削速度与转速的关系：

$$v=\frac{\pi dn}{1\,000}=\frac{dn}{318.3} \quad \text{m/min}$$

$$n=\frac{1\,000v}{\pi d}=\frac{318.3v}{d} \quad \text{r/min}$$

n：工件的转速，单位为 r/min。

d：工件观察点直径，单位为 mm。

参考文献

[1] 范悦，等. CAXA 数控车实例教程[M]. 北京：北京航空航天大学出版社，2007.
[2] 沈兴全，等. 现代数控编程技术及应用[M]. 北京：国防工业出版社，2009.
[3] 廖卫献. 数控车床加工自动编程[M]. 北京：国防工业出版社，2002.
[4] 熊熙. 数控加工实训教程[M]. 北京：化学工业出版社，2003.
[5] 宛剑业. CAXA 数控车实用教程[M]. 北京：化学工业出版社，2009.
[6] 吕斌杰. CAXA 数控车自动编程实例培训教程[M]. 北京：化学工业出版社，2013.
[7] 刘长伟. 数控加工工艺[M]. 西安：西安电子科技大学出版社，2008.